青少年科普图书馆

THE STORY OF GLASS

世界科普巨匠经典译丛·第二辑

玻璃的故事

（俄）斯韦什尼科夫 著　崔小莉 译

上海科学普及出版社

图书在版编目（CIP）数据

玻璃的故事 /（俄）斯韦什尼科夫著；崔小莉译 .—上海：上海科学普及出版社，2013.10（2024.3 重印）

（世界科普巨匠经典译丛 · 第二辑）

ISBN 978-7-5427-5839-2

Ⅰ.①玻… Ⅱ.①斯… ②崔… Ⅲ.①玻璃 - 普及读物 Ⅳ.① TQ171-49

中国版本图书馆 CIP 数据核字 (2013) 第 177234 号

责任编辑：李　蕾

世界科普巨匠经典译丛 · 第二辑

玻璃的故事

（俄）斯韦什尼科夫 著　崔小莉 译

上海科学普及出版社出版发行

（上海中山北路 832 号 邮编 200070）

http://www.pspsh.com

各地新华书店经销　三河市金泰源印务有限公司印刷

开本 787 × 1092　1/12　印张 18.5　字数 224 000

2013 年 10 月第 1 版　2024 年 3 月第 3 次印刷

ISBN 978-7-5427-5839-2　定价：39.80 元

CONTENTS

目录

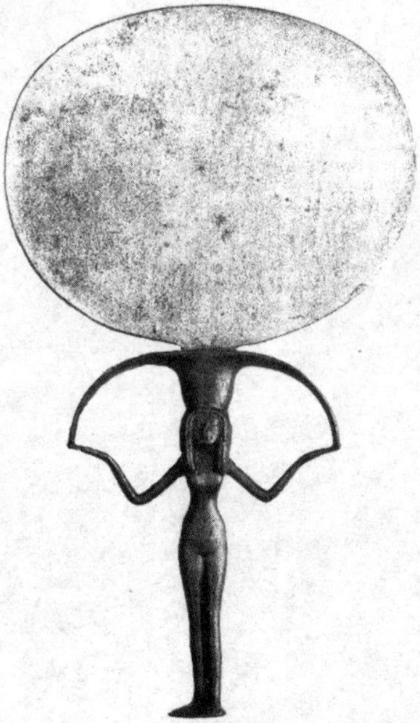

第1章
人们是如何发现玻璃的

1.1 普林尼的故事

大约2000年以前，罗马有一位名叫普林尼的著名学者。他非常勤奋，随身带着一根一端削尖的小木棒和一块涂着一层黄腊的小木板，即使坐在旅途的轿子上，他也会在木板上专心致志地写文章。在洗澡的时候，他的奴隶用毛巾帮他擦背，他也会全神贯注地在那里看书。

现代的学者只研究一门学问，而普林尼不同，他并非一位专家，他对所有的学科都有深入的研究。他对这世界上的所有事物都感兴趣，有着极强的求知欲。

普林尼死于维苏威火山爆发的时候。因为他为了观察岸边所发生的事情，把船靠近火山太近了，这位伟大的学者就这样被又浓又有毒的黑烟熏得窒息而亡。

《自然史》算得上是古代世界人类所有各种知识的“大百科全书”，是普林尼用了许多年的时间和精力才完成的一本书，是他一生中最主要的著作。

这本书的内容非常全面，涉及人类生活的各个方面，有天体的运动、国家和人民、动物和植物、岩石和金属，甚至还有药品的制造、写生画的颜料、艺术家与他们的作品、职业问题等，真可谓是包罗万象。

盖乌斯·普林尼·塞孔都斯（Gaius Plinius Secundus，公元 23 ~ 79 年），又称老普林尼，古罗马著名作家、科学家，重要著作为《自然史》（*Naturalis Historia*），此书也被译为《博物志》。公元 79 年 8 月 24 日，维苏威火山爆发了，普林尼为了观察岸边所发生的事情并对灾民施以救援，把船靠近火山太近了，这位伟大的学者就这样被又浓又有毒的含硫气体熏得窒息而亡。

在这本书中，还提到了人们发现玻璃的过程。

对于这部分内容，普林尼在书中这样写道：

一次，一艘腓尼基[①]商船在海上遇到强烈的飓风，只能驶到一个小港湾里抛下锚暂时躲避起来。水手们又累又冷，纷纷跑上岸寻找能支起炉灶生火的地

①腓尼基起源于巴勒斯坦附近，是古代中东地区的一个民族。

方，可以烤烤火和弄点食物。但这个海岸是个空旷的沙滩，一望无际，沙滩上什么都没有，根本找不到石头来支撑他们的灶具。大家正急得团团转，一个水手突然想起他们的船上还有很多大块的苏打，可以用它们来支撑锅啊！

苏打在当时的作用是洗涤衣服，还可以使兽皮软化，是呢绒作坊必备的东西，还有使尸体不腐烂的功能，埃及的僧侣们经常用它来保存尸体。

当时的腓尼基人从水草灰中提取出苏打，再用货船销售到世界各地。

几个水手从船上搬下来几块大的苏打，用它们架成了一个炉灶，把大锅放上去，在大锅里放了些清水。

炉灶做得非常成功。水手们美美地饱餐了一顿后，心满意足地去睡了。第二天早晨，风浪静息了，水手们收拾东西准备上路了。一个水手将冒着烟的炉灶残骸一脚踢翻。突然，他看到炉灰中有一些发光的小块儿。这些东西不像木块，也不像金属，又不像泥土，更不像石块。这种神奇的闪闪发亮的小块，腓尼基人有生以来还是第一次见到。

其实腓尼基人发现的这种物质就是玻璃：它是岸边的沙粒和苏打在高温燃烧中发生反应生成的物质。

这是普林尼的判断。

这个故事真实吗？许多历史书上都是这样记载的，人们对于这个故事都习惯了，所以从来没人对这个故事本身的可靠性有过任何怀疑。

后人决定按普林尼这个故事中水手们的做法再做一次实验。

几位玻璃制造专家聚在一起，想用和那几个腓尼基水手们相同的方法，看看能不能制造出玻璃。

专家们跑到海边沙滩上，按照数千年前故事中的方法，在地上放了几大块苏打，把一大锅水放在苏打块上，点燃了柴火。几位专家坐在火堆旁边，时不

时地向火中扔木柴，耐心地守候着。

风呼呼地大力吹着火苗，但即使这样，结果仍然让人失望：火熄了以后，余烬中并没有找到玻璃。

其实这种炉火的火力温度根本无法使苏打和沙粒化合成玻璃的。

人们就此证实了普林尼的记载是错误的。

那么，人们到底是如何发现玻璃的呢？

1.2 第一位制造玻璃的人

众所周知，瓷器和陶器的制造方法是：用黏土塑好泥坯，风干后再在火上烘制。现代人们用的这种制造方法，数千年前的埃及人早就用过了。

古埃及的陶瓷匠们很想把他们所制的花瓶和杯子的表面弄得光滑细致，但不管他们如何绞尽脑汁，做出来的东西都是粗糙又没有光泽的。用这样的杯子喝水，会划破人们的嘴唇，还很容易变脏。古代的发明家们也许试过很多方法来避免这些不愉快的缺点，但结果都以失败而告终了。

一个偶然的机会，给他们带来了新的希望。在一个刚制好的瓶坯上附着一层苏打和沙粒的混合物。这个瓶子烧好后，上面有一层细滑而有光泽的表面，这个情景令陶瓷匠大为惊奇。

从此以后，烧制泥坯以前，人们总会把一层沙粒和苏打的混合物涂在泥坯的表面，后来又在这种混合物中加入了一点石灰。这种混合物在烧制过程中会被火焰熔化，顺着器皿表面流开来，成为一层光滑的薄壳包在制成品的外面。

这层坚硬光泽的薄壳就是釉。其实我们应该称之为玻璃，因为它的成分与玻璃没有什么不同之处。

后来，埃及人又在苏打和沙粒里掺了一些其他的材料，从而学会了制造出灰色的、黄色的、紫色的、紫红色的、蓝色的等各种颜色和色调深浅不同的釉。

那么，埃及人怎么发现可以用玻璃（釉）来制造东西的呢？

可能是一个偶然的机会，一个陶瓷匠给自己制好的泥坯上涂釉时，不小心把原本应该烧成一个薄层的地方弄成了厚厚的一小块釉。

这块釉简直像一块名贵的宝石那样光亮透明。

这个陶瓷匠非常聪明：他单以这种釉来制造了一些彩色的小圆球。结果他制造成功了。

恐怕他根本没有想到，他的一个小小的举动竟为人类发明了一项新的技术——制造玻璃。

罗马蓝色玻璃花瓶

1.3 埃及女王的玻璃项珠

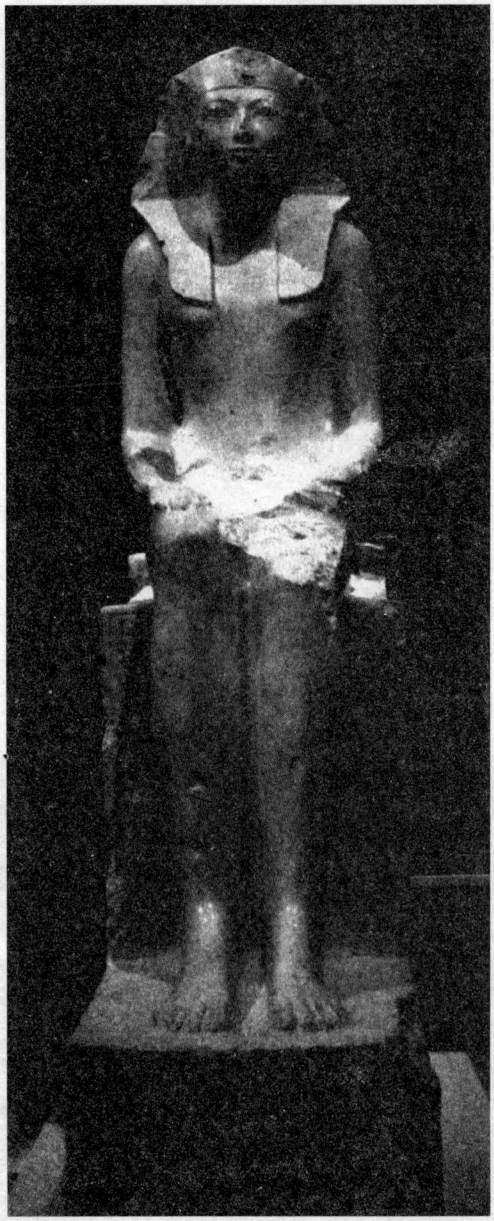

很久以前，埃及有一位女王名叫哈特谢普苏特，她很年轻就去世了，享年32岁。按照埃及的风俗，人们把她的尸体做成木乃伊放进石棺里，再把石棺封藏在里维山脚旁黑暗的岩洞里。这位女王的陵墓非常奢侈，隐藏在这个深深的岩洞里；这里面有许多隧道，很容易让人迷路，它的入口也做得非常隐蔽。

因为必需防止陵墓被盗窃，所以隐蔽措施非常重要。

几个世纪过去了，女王的安息从没被人打扰过。后来，法国地质学家罗列找到了通往这位女王陵墓隧道的路径。这是他在陵墓中看到的情形：

这位女法老的石棺被两个小型

哈特谢普苏特（Hatshepsat），名字的意思是“最受尊敬的”，古埃及第十八朝法老，在位时间为公元前1503～公元前1482年，是古埃及史上唯一的女法老。

石像守卫着，它们尽职尽责地保护着女王的安眠。这两个石像的胸前都挂着一串串着圣虫（神圣的甲虫）的项链，两个石像的眼睛是用白色的石英做的，眼皮是青铜制的，在厚厚的眼皮下还有透明的瞳仁。光线照到它们的眼睛上时，会有可怕的光从它们的眼睛里反射出来，工人们看到以后都吓得四处逃散。有些胆子大的工人认为这种现象都是因为有魔鬼附在石像身上，想要把这两个石像打碎。幸好在罗列的阻止下才罢手，这才使得这两个极好的石像保存了下来。

一个金质的面罩盖在木乃伊的面孔上，这只面罩上还有两只明亮的眼睛，这两只眼睛真可谓栩栩如生。死去的法老头上戴着一个银质的王冕，额上饰有王族的符号——一头金质的鹰和一条金蛇。腰带上还佩有短剑。埃及人非常迷信，按照他们的说法，女王的灵魂在天国的时候可以用到这把短剑。

但那金质的面罩、价值连城的王冕、短剑并没有引起这位地质学家的多大的兴趣，他最感兴趣是那些项珠。那些项珠是用玻璃制成的。项圈由光辉耀目的黑绿色玻璃珠子串成，挂在木乃伊满布皱纹的干枯的颈项上。虽然项珠做得不圆，但是非常大，每一颗珠子上面都刻着女王的名字。

人类居然在3500年前就制造出了这些虽然不够完美但珍奇无比的玻璃块。

那么，哈特谢普苏特的项珠是不是最古老的玻璃制品呢？

后来，人们在埃及菲弗附近发现了一座坟墓，里面有一颗外形像一滴水滴的绿色玻璃项珠。

而这种项珠已经有5500多年了。

古埃及的玻璃首饰

1.4 玻璃“面团”

菲弗附近的坟墓与哈特谢普苏特女王的陵墓相隔 2000 年。这 2000 年的时间没有虚度，女王的项珠和她祖先的玻璃饰物比起来要显得精致了许多。埃及人在这两千年中学会了制造很多玻璃物品，有玻璃花瓶、颈饰、尸体防腐药品的盛器、大酒杯、大水杯和厚厚的小香水瓶，早已不单单会制造项珠了。

当时，上述所有物品都是用不透明的有色玻璃制造出来的。

当时的埃及人根本不知道玻璃还能制造成透明的。因为只有熔炉里的温度在 1500 以上时，才能制造出透明的玻璃。当时埃及的玻璃匠们根本无法做到这件事。从颜色上讲，他们当时所得到的玻璃非常不美观，呈褐绿色，就像是砂糖烧焦了的样子。只要再往这种玻璃中加进一些铁、铜或锰，就能制造出颜色更漂亮的玻璃。

当时，埃及人烧制玻璃的工具是陶土制的小罐，且是露天烧制的。这个小罐下面的火烧得非常旺，但仍然无法达到需要的高温，所以只能分成两次来烧制。最后，罐子里制造出了又厚又黏、像加了砂糖的蜂蜜的玻璃“面团”，这种玻璃“面团”可以捏搅、搓揉和塑造，和真正的“面团”一样。

这块玻璃“面团”与真正的面团的区别就是它是滚烫的，用手不可能直接接触，就算用根小木棍去接触它，这根小木棍与这个面团接触的部分也会由于过高的温度立刻燃烧起来。那么，这么高热度的“面团”，人们是如何用它塑造出花瓶、香水瓶、大酒杯来的呢？

这太难了，就像让你用火山口喷出来的岩浆塑造一个大杯子一样是不可能完成的。

不要认为可以等到这个“面团”冷却以后再制造，因为这个“面团”冷却以后就会硬化了，怎么还能用它塑造出什么呢？

玻璃这种材料真是太难以制造了，单单发明了玻璃材料还不够，还要懂得如何制造玻璃制品。

埃及人发明了一个不必用手碰触就能用炽热的玻璃来制造东西的方法，他们就是用这样的方法，制造出了第 7 页图中的各种物件。

玻璃师傅手里拿着一根一端装着一个泥沙制圆球的长长的铁棍子。“玻璃面团”装在一个陶土罐子里，一名助手从熊熊的火焰中把它取出来，把里面的玻璃倒在石板上，再用一根铁制的“擀面杖”把它摊平。玻璃师傅立刻把铁棍上圆球的一端放在摊平了的玻璃液上。液态的玻璃立刻就会沾在泥沙制的圆球上，玻璃师傅就会迅速循着石板将铁棍子滚动起来，玻璃就形成了一个大瓶子。

接着，要设法卸下这个在铁棍子上制成的大瓶子。所以，玻璃冷却以后，玻璃师傅就要小心地旋转铁棍，这样更方便敲碎沙球，铁棍子就能轻松地拔出来了。

埃及玻璃师傅的技术可不是用上述几句简单的描写就能表达出来的。你可以自己动手做这个实验：把一团黏土沾在一根棍子的一端，然后把棍子放在石板上转动，做出一个瓶子。亲自试过之后，你就知道这件工作有多难了。

而且由于玻璃很快就会凝固，玻璃师傅要在有限的几分钟之内用滚烫的玻

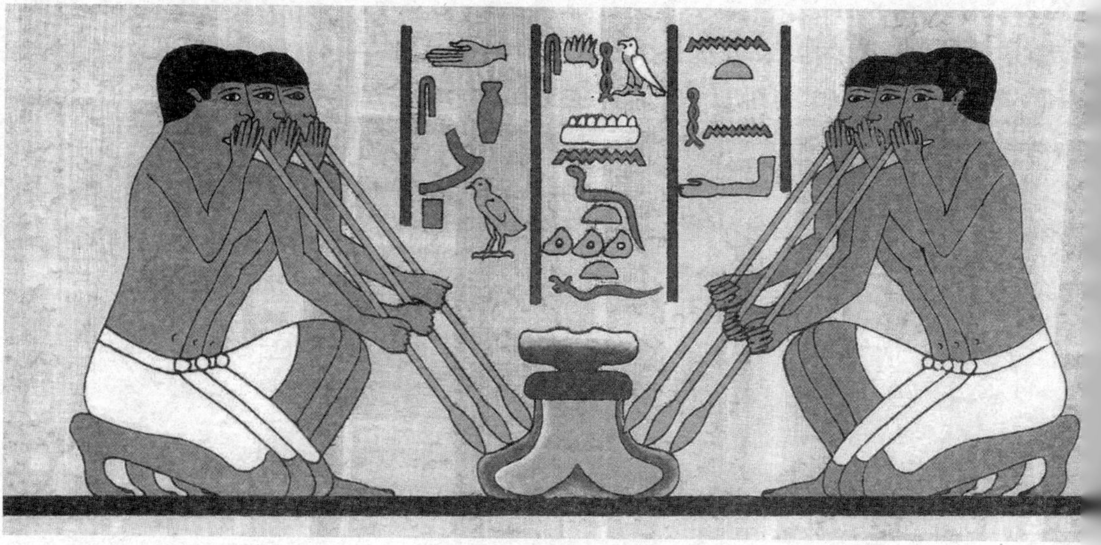

古埃及玻璃技师在制作玻璃

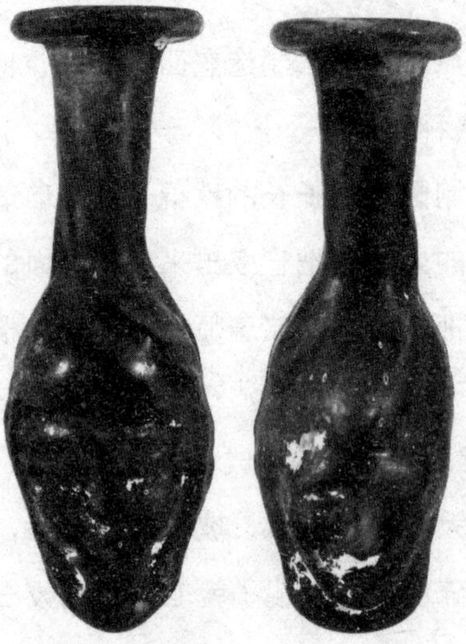

公元前 100 年的埃及花瓶

璃完成整个制作过程。

由于制作时间太短，有时候，玻璃师傅的制品还没做好时就已经凝固了，这时只能把凝固了的玻璃团重新熔化再充当原料。

埃及的玻璃师傅们非常能干，且非常有耐心。他们用了很大的时间和精力来钻研自己的手艺。但他们做出来的瓶子和杯子的外形仍然不够美观，厚薄仍然不均匀。

当时的埃及人可不会制造出我们现在日常使用的玻璃杯或花瓶那样细致的物品。

一天的时间，一名玻璃师傅做出的东西很少，只有几件而已，所以，玻璃制品在古埃及被看作稀世珍品。它们的价钱很高，几乎可以达到宝石的价值。

第 2 章

皇帝的花瓶

2.1 玻璃泡儿

你绝对想不到，滚热的玻璃不受人类的手控制，却能乖乖听从人们呼吸的摆布。

公元 1 世纪初，一个不知名的罗马匠人做了一根一端略略敞开的细长铁管，管子的另一端装了一个木质的可以保护嘴唇不被烫伤的“烟嘴”。

这件发明物简单又巧妙。从那以后的约 2000 年的时间，人类都是用这种管子吹出了平时所用的一切玻璃物件的。

从前技术最熟练的埃及玻璃师傅也无法制造出来的东西，这时随便一个两个匠人就能做出来。

这支空心的铁管太神奇了：用它能制造出各式各样漂亮又精致的玻璃物件，而且玻璃壁都非常薄。

使用这支玻璃吹管和小孩用竹管吹肥皂泡的样子非常相似，蘸上一点液体玻璃在管子的一头，再在另一头用嘴用力吹。这一滴玻璃就会被吹得膨胀成一个大玻璃泡。有时候可以把它吹得像肥皂泡一样薄，但它的强度却不是肥皂泡能够相比的。可以趁着玻璃泡没有凝固的时间给它塑形，随便塑成什么形状都可以，只要轻微地触碰，碰着的地方就会陷下去。塑形后的玻璃泡凝固以后，形状就固定好了。

匠人们可以用小棍棒和钳子等把玻璃泡做成花瓶、花杯、水瓶等各种需要的东西，还可以用钳子把制作中的瓶子颈部放宽，用剪刀把多余的玻璃剪去。

玻璃吹管制造玻璃的方法这么简单，可埃及人为什么没有想到呢？

原来，即使埃及人发明出来这种吹管也没有实际用处，因为他们那时候还不会制造液体玻璃。如果想用这种吹管把黏稠的埃及玻璃“面团”吹成器皿是不可能的，力气再大的人也不可能吹得出来。

罗马人烧制玻璃时是用砖块砌成的玻璃熔炉来炼制，根本不用陶土罐子。他们的玻璃是熔化成稀得像牛奶一样的液体，就像是现代制造玻璃时的情形。

2.2 泪壶与酒桶

当时罗马人的家里大多都有玻璃制的水瓶、油瓶和酒瓶、大杯子和茶杯、孩子们的奶瓶，甚至便壶。

罗马的玻璃匠用暗绿色的不透明玻璃制造出了很多东西，价钱都很便宜。但富贵人家的桌子却陈列着另一种由无色而略透光的玻璃制成的用品。罗马的玻璃匠要花很长时间选择纯洁的白色沙粒才能制造出这种玻璃。

罗马的瓶子往往都带有一种灰褐色的狭条样的装饰，就像一条蛇紧紧地围绕在瓶的四周一样。我们未必会喜欢这样的装饰，因为我们会觉得这样的装饰有些吓人，更别提要从有这样装饰的瓶子里喝点东西了。但罗马人对蛇类的态度和我们正好相反：他们从不认为蛇是恐怖的、有害的，甚至认为它们是有益的生物。

瓶子的外面有蛇的装饰，好像在说：瓶子的饮料是上好的、有益于健康的。

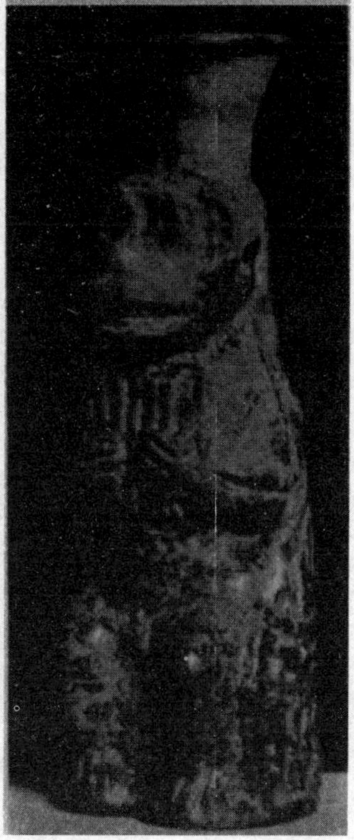

罗马的玻璃匠制造了一些很有意思的瓶子。例如：把瓶子吹成人头的形状，还有个大鼻子，瞪着一双大眼睛，就像不明白为什么人们要把酒倒到他的头里似的。还有的把瓶子做成坐在竹子编成的软椅上的猴子的形状。猴子的两只前掌抓着一管芦笛，就像在随时待命，以便开始“演奏”一样。由于当时一位罗马的参议员身材肥胖臃肿，像一只老猩猩，所以罗马作家认为，这个瓶子是对这位参议员的讽刺，讽刺他总觉得自己是个伟大的艺术家，喜欢在月夜吹奏芦笛。

这些东西正好可以与雕刻品相比。只是玻璃的制作方法与雕刻完全不同。因为玻璃太脆了，你根本没办法像用刻刀在大理石上刻出形象那样在玻璃上雕刻，也不可能像用黏土一样塑造：因为你还没有把它塑成复杂的形状时它早就凝固了。

这些好玩的瓶子都是用吹管吹出来的。只是他们用的吹法很特别：把玻璃泡在一个金属的模子里去吹。

这种模子是事先做好的。它的内壁上刻着图案。玻璃匠在吹管的一头蘸上玻璃液，把这一端放进模子里，在另一头用力吹，玻璃泡就会在金属模子里越来越大，紧贴着模子的内壁。模子内壁凹凸不平的地方就都印在了热玻璃上。玻璃凝固以后就保持着这个外形不变了。

匠人打开模子，这个模子是可以拆开的，这样一来，吹成的瓶子就能取出来了。一个这样的模子，能吹出很多个形状与模子相同的瓶子。

罗马人经常用玻璃杯喝酒。有的圆形杯子根本没有柄；有的有两只像一对张开的鸟翅膀的柄，这种杯子被他们称为飞翼杯。吹制这种杯子时一般都会在上面设计出各种字样，例如：

“尽量地喝吧，益寿延年。”

或：

“祝你快乐，长命富贵。”

有一只大杯子保留至今，它有两个角斗勇士的图案，还有“哥伦布(Columbus)”字样。

这些字的含义是什么呢？

战斗的角斗士

哥伦布生于卡里古拉[①]皇帝时代，是当时一个著名的角斗士。哥伦布在一次角斗中战胜了另一个角斗士，而他打败的那个角斗士深受加利里拉皇帝的喜欢。皇帝知道以后非常生气，派人给战胜者送去了一个礼物，是一个非常漂亮的大玻璃杯，但装满了毒酒，克隆布士谢过皇恩后就把这杯酒一饮而尽，不一会儿就倒地身亡了……

罗马的玻璃匠还会吹出精巧的小玻璃瓶，这就是“泪壶”。当时这样的东西只有贵妇人才能佩带，佩带的方法是用金链子把它挂在腰带上。壶里装的是非常名贵的香水，而非真正的眼泪。这种小玻璃瓶上还绘着各种颜色的花纹，它的制作是非常难的。

相比之下，玻璃大桶的制作则更难。这种玻璃大桶是用来盛酒的，容量要求非常大，里面能装得下一个成年人。我们想像不出来，这种重量在 100 公斤以上的大玻璃泡，当时的罗马工匠是如何把它吹起来的。

要吹起这样的大桶，单靠一个人的力气一定是吹不起来的，至少也要五六个人同时来吹才能完成吧。

2.3 闪闪发光的杯子

埃及人很久以前就会熔炼有颜色的玻璃。罗马工匠的手艺却远远超过了埃及人，他们还会制造出一些像最珍贵的宝石一样的玩意儿，像绿宝石、蓝宝石、蛋白石、土耳其玉、红玉一样精致华丽的玻璃饰品。

有些大杯子非常漂亮，看上去就像是用整块的玛瑙、古玉或其他的罕见矿石雕刻出来的一样；有的花瓶像是木制的，与用热带的粉红色、红色、黑色等贵重木料雕刻出来的很像；有的小瓶子的形状和颜色就像是一节藕、一颗红枣、一串葡萄或一只橘子。这些各种各样的杰作都是由距今 1500 多年前的玻璃匠制造出来的。

在这些精美的杯子中，最闻名的当属夜光杯了。罗马最富有的人家在隆重

①卡里古拉，全名盖乌拉·恺撒·卡里古拉，37 年～ 41 年在位。

古罗马夜光杯

的节日才会用这种夜光杯喝酒。当时这种夜光杯的价格高出黄金许多倍。

为什么这种夜光杯会如此受人重视呢？可能你会认为这是因为这种夜光杯的杯身庞大或是外形美观、工艺细致的原因，但事实上这种杯子并不太大，外面也没有花纹，真正的原因在于这种夜光杯异常光亮，还能显出各式各样的颜色。

夜光杯会闪闪发光，就好像在这个玻璃杯中装有成千上万个不同颜色的闪烁的火星。杯子能闪出彩虹所具有的各种颜色。

那么为什么这种夜光杯会闪闪发光呢？其实只是由于匠人在制造这种夜光杯时往透明的玻璃中加入了一些五彩的玻璃碎粒，做好以后，里面的玻璃碎粒就会折射出光线，看上去就好像是杯子射出了各种颜色的光一样神奇。

这种夜光杯当时被人们当作是一种人造的宝石。

在罗马，拥有这种夜光杯的人非常少，即使是一生中能有机会用夜光杯喝酒的人也没有几个人。但每个罗马人都听说过关于这种“神杯”的传说。所以当时的罗马人对这种夜光杯有着各种各样稀奇古怪的传说。譬如，有的人相信这种夜光杯会散发出一股特殊的、柔和的香气来；有的人则认为这种杯子能解除毒性，只要毒物碰到杯子的边缘，它的毒性就会立刻消失。

当时的罗马国王尼禄[①]在一只夜光杯上花费了70个塔兰[②]，当时这笔钱可以买300个年轻健壮的奴隶，也就是说，这块玻璃的价格比人贵300倍！

---

①尼禄·克劳狄乌斯·恺撒·奥古斯都·日耳曼尼库斯（Nero Clsudius Caesar Augustus Germanicus，公元37～68年），古罗马帝国的皇帝，在位时间为公元54～68年，被视为古罗马的暴君之一。

②塔兰是古罗马时斯最大的重量单位和货币计算单位。——译者注

玻璃小洗手盆

玻璃小洗手盆的价值虽然比夜光杯的价格稍低一些，但仍旧是非常贵的。当时的罗马人还不会使用刀叉，所以宾客们在饮宴完毕后都要洗手。这种洗手盆的形状看上去就像是石匠用的小铲子，所以它被罗马人称为“小铲子”。

彼特洛尼是尼禄的礼宾大臣和好朋友，也是一位艺术的爱好者和行家，他买了一只洗手盆，这只洗手盆真是价值连城。几年以后，尼禄下令让彼特洛尼自尽。彼特洛尼在自尽之前，不愿意暴君得到自己心爱的东西，就把这个洗手盆摔碎了。但尼禄却下令，命人在彼特洛尼死后，收集齐这些碎片，并把它们保存在一个玻璃罩下。

罗马时期货币

还有一种玻璃用具，它的价值与洗手盆的价值不相上下。这种玻璃大杯被装在由玻璃环互相连接而成的网状杯座中。这个杯座与杯壁并不是紧密接触的，所以杯座基本上不会受热，用这个杯子喝热饮料不会感到烫手。

古罗马网状杯

制作网状杯示意图

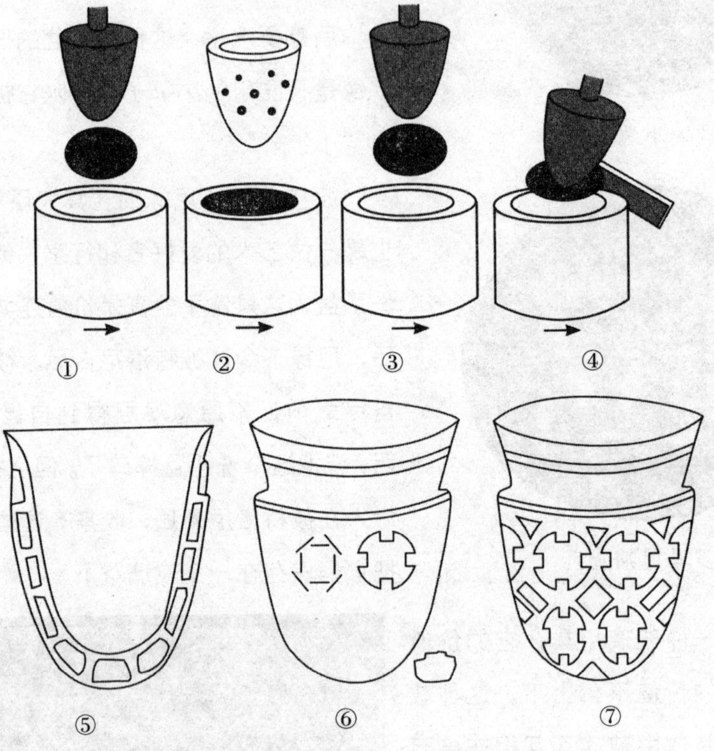

①先用杯型工具把玻璃团压进杯型坩埚中；

②再压入一个灰质的带有网状杯阴纹图案的模子，一直压到它的图案接触到坩埚为止；

③压入另一块玻璃团，让它从模子的空隙中挤过去，与第一块玻璃团结合在一起；

④用一块玻璃团加工成杯颈；

⑤玻璃杯冷却定型以后，分为中间夹着模子的两层；

⑥去除掉玻璃两层中间夹着的灰质模子；

⑦这个精致美观的网状玻璃杯就制作完成了。

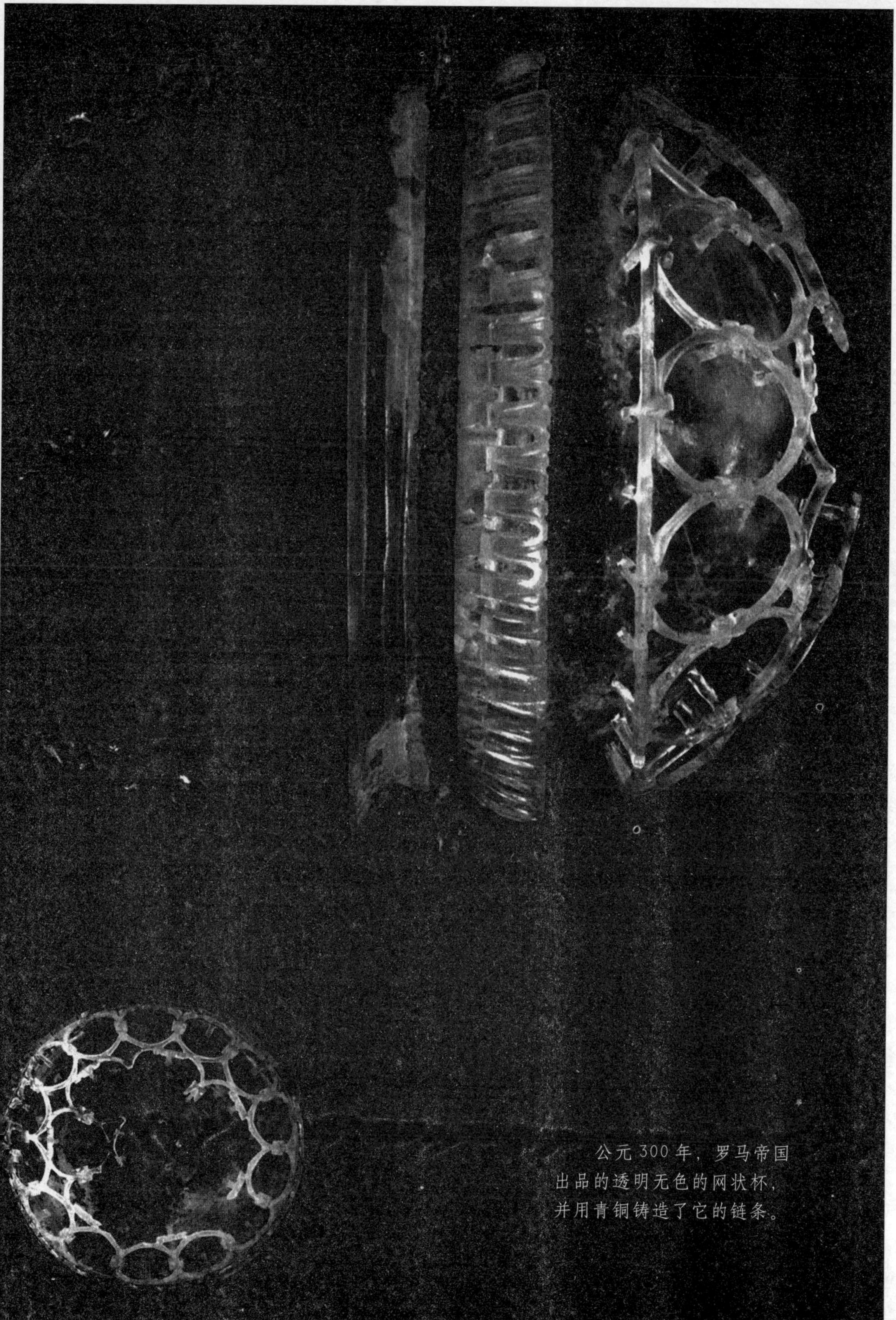

公元 300 年，罗马帝国出品的透明无色的网状杯，并用青铜铸造了它的链条。

这种杯子不仅做工精致，用起来也非常方便，它的样子就像是一个东西被包在玻璃网里了一样。当时罗马的富翁，如果没有收藏到这样一只杯子，一定会感到非常遗憾。所以说任性的尼禄就是一只糊涂虫，他先后打碎了两只这样的杯子。

遗存到今天的这种杯子不超过 10 只，其中保存完整的只有少数几只而已。看来这几只杯子都是由一个匠人制作的，他一生中只做了几只这样的杯子，他死以后，这种技术就失传了。

2.4 无比贵重的遗物

很久以前，那不勒斯附近有一个名叫庞贝的精美的小城市。这个小城市就建在蓝色海湾的岸边，不远处是一座沉睡已久的维苏威火山。这个地方是一个避暑胜地，罗马富有的人每年都会来到这里休养一段时间。渐渐地，这个小城市有了 2 万以上的居民，越来越兴旺了。

公元 79 年 8 月 24 日，维苏威火山突然从沉睡中醒来了。大小石块、浓烟、熔岩、火山灰从它的喷火口喷出，像暴雨一样倾泻在大地上。

于是，庞贝城被埋在了六米深的灰烬中。幸好大多数居民都及时逃脱了，只有约 2000 人遇难。后来，小普林尼把这次天灾的经过详细地写了出来。这个小普林尼，就是那位在维苏威火山爆发时牺牲了生命的著名学者普林尼的侄儿。

就这样，庞贝城在余烬下安静地度过了 18 个世纪。后来经过一些考古学家的挖掘，才使这个小城市又从地下的余烬中露出了地面，让现代的人们看到了一幅古罗马时代活生生的生活画。

房屋和别墅中有一座建筑被人们称为“悲剧诗人的房子”。这座房子的正厅是几个客厅中最富丽堂皇的。主人在正厅里接见宾客；晚上摆设酒宴也是在这间正厅中进行。这个大厅的墙壁上还有很多图画。遗憾的是，很多画都被时间无情地摧残了：颜料褪色了，墙壁上的灰也整块整块地脱落了。很多图画都被损坏得辨别不出来了。

1638年，德国科学家阿塔纳斯·珂雪（Athanasius Kircher，1602～1680年）在意大利南部考察后绘制出的维苏威火山结构图。

人们打扫干净门厅，擦干净地板以后，看到了地板上还有一幅图画，画上是一只带着铁链的狗。这幅画就像昨天才画成的一样，丝毫没有受到时间的摧毁，画上的彩色依旧非常艳丽。

画上的这只狗应该是主人用来恐吓盗贼用的。狗的样子非常凶猛，就像是让入侵的人知道："老实点！我们房子的防卫是很严密的。"

为什么这幅画经过了18个世纪的时间丝毫没有受到一点损失？为什么它的色彩依旧像1000多年前一样色泽光辉呢？原因就是这幅画是用很多五颜六色的

玻璃块像小孩子用积木拼成图案的方法一样拼砌成的，而不是用普通的颜料画成的。

要用大量各种颜色的玻璃块才能完成这种图画。用的玻璃块越多，颜色就越丰富，砌出来的图画就越漂亮，越准确。

这种用各色颜色的玻璃拼砌成的图画叫做“镶嵌画”。

这座“悲剧诗人的房子”还有一个大厅，这个大厅里也有一幅镶嵌画，画的内容是马其顿的亚历山大与波斯人的战争场面：当时波斯军的元帅是波斯的大流士三世，希腊军队正在向他发动攻击。

后人把这幅精美卓越的镶嵌画小心地收藏了起来，用石灰把它弄得非常牢固，保存在了那不勒斯的博物馆，直至现今。

1834 年，考古家们在庞贝挖出了一座房屋，这是罗马富翁威利阿各的房屋。经过挖掘，屋子完全显露了出来。工人们用木铲子打扫前厅的时候，不小心碰到了一块硬东西，于是大家的动作更加小心了。考古家跪在地上轻轻地清理，最后终于挖出了一大块玻璃。这块玻璃非常污秽了，它的颜色和形状已经无法鉴别出来了。人们用温水仔细地清洗它，把上面的泥土用细毛刷刷干净，发现这是一个非常精美的深蓝色玻璃花瓶的一半。

遗憾的是，只找到了半个花瓶。

英国富妇理查逊 · 阿尤遮最终拥有了这半个瓶子，并把它带到了英国。

整座房屋的挖掘工作两个月以后才完成，这时那个花瓶的另外一半也找到了。

这半个花瓶很长一段时间里都在人们的手里传来传去。它和另外那半个花瓶各自进行着自己的旅程，却始终没有合在一起。这看上去非常不合理，因为整个花瓶的价值一定要比半个花瓶的价值高出许多。其实原因很简单，只是因为拥有半个花瓶的主人，都不愿意把它让出。

于是，三四十年以后，一个机会凑巧，才使一位艺术爱好者收集到了这两个半个花瓶，它们才总算到了一起。古玩修复专家立刻把它们合在一起，他的

“悲剧诗人的房子”遗迹正厅复原图

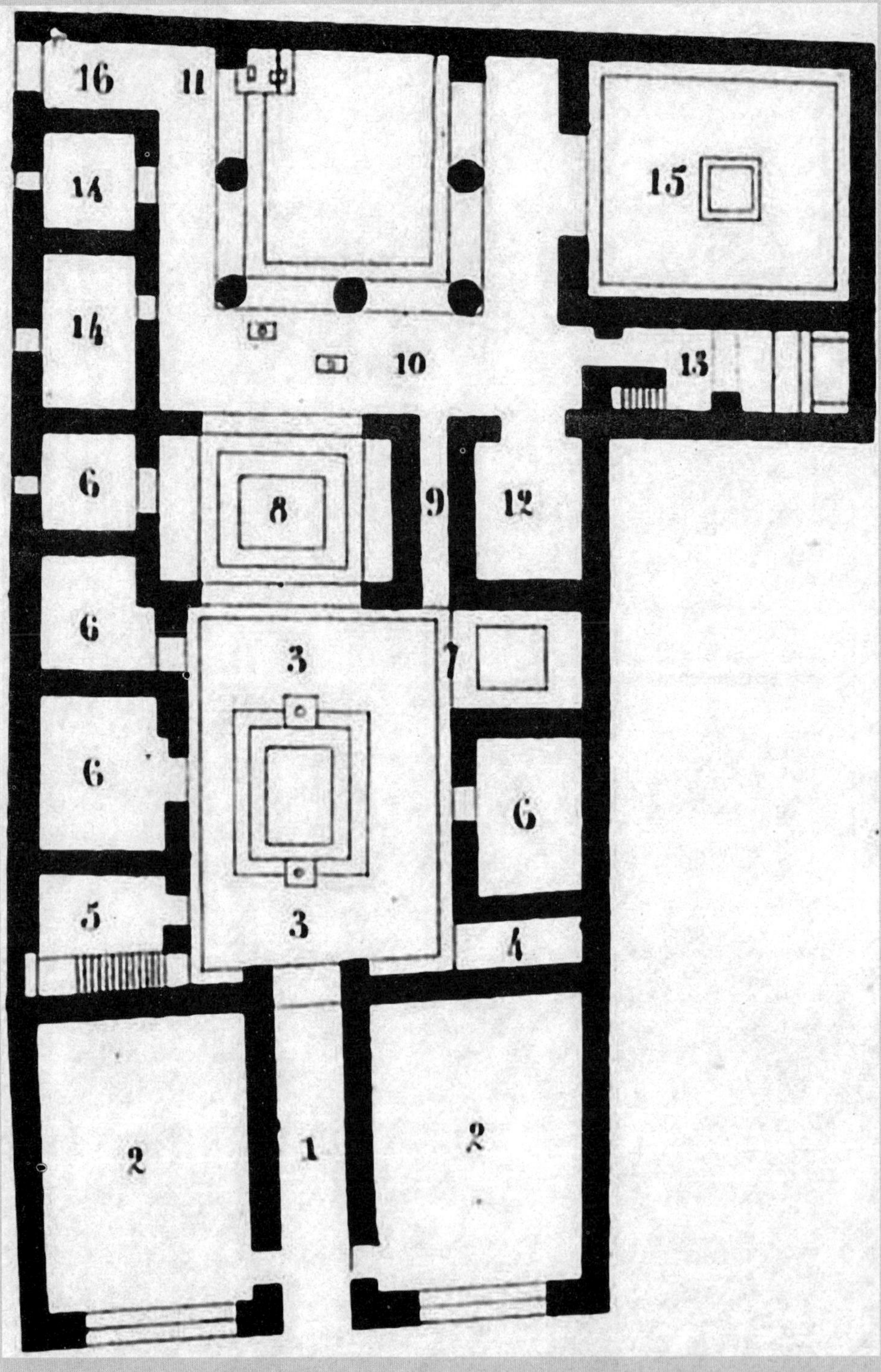

1831 年，庞贝古城遗址的挖掘工作完毕后，绘制出的“悲剧诗人的房子”遗迹平面图。

“看门狗”马赛克图的位置在遗址平面图的下方1处

“悲剧诗人的房子”复原外型图

工作做得相当精巧细致，合缝的痕迹让人完全看不出来。这个再生的玻璃瓶被命名为“阿尤遮”，是以第一位持有者的姓名命名的。后来这个花瓶被收藏到了大英博物馆，保存至今。

博物馆为了这个花瓶还特意辟了一小间光亮的陈列室。花瓶被安放在柔软的天鹅绒小垫子上，又用透明的玻璃罩把它罩上，以供人们观赏。

阿尤遮花瓶

阿尤遮花瓶的外观非常漂亮，是用深蓝色的玻璃制成的器皿，一旁有一个高高耸起的手柄。瓶身四周都饰有一大圈葡萄和常春藤的花样，这些花都是用乳白色玻璃做成的。

那么，这些乳白色玻璃的花是怎样做成的呢？是不是先把这一圈花做好以后再装到瓶身上去的？但这似乎不大可能，因为要用那么薄的玻璃雕出这么薄的叶子是根本不可能的，而且还要再把它装到瓶身上去就更不可能了。

这个花瓶的做法非常特别（如“古罗马浮雕玻璃制作方法示意图”）：

图①做一个带有花纹的阳纹花瓶模型；

图②用这个模型倒模，做出一个石膏模子；

图③把用作白色花饰的填料填充到这个模子里；

图④往模子中加入红热的玻璃团；

图⑤用瓶子的内胆模具用力挤压，使白色填充料定型，并与玻璃团结合在一起；

图⑥立刻去掉外面的模子，把红热玻璃团半成品倒置；

图⑦玻璃液在重力的作用下会向下垂；

图⑧把内胆模具进行旋转，把玻璃团下垂的部分加工成瓶颈；

图⑨冷却定型后，取出内胆模具。

到此为止，这件惊世的工艺品就制作成功了。这个制作方法简直太精巧了，由此可见，玻璃师傅们不仅技艺精湛，还有着超乎常人的智慧。

古罗马浮雕玻璃制作方法示意图

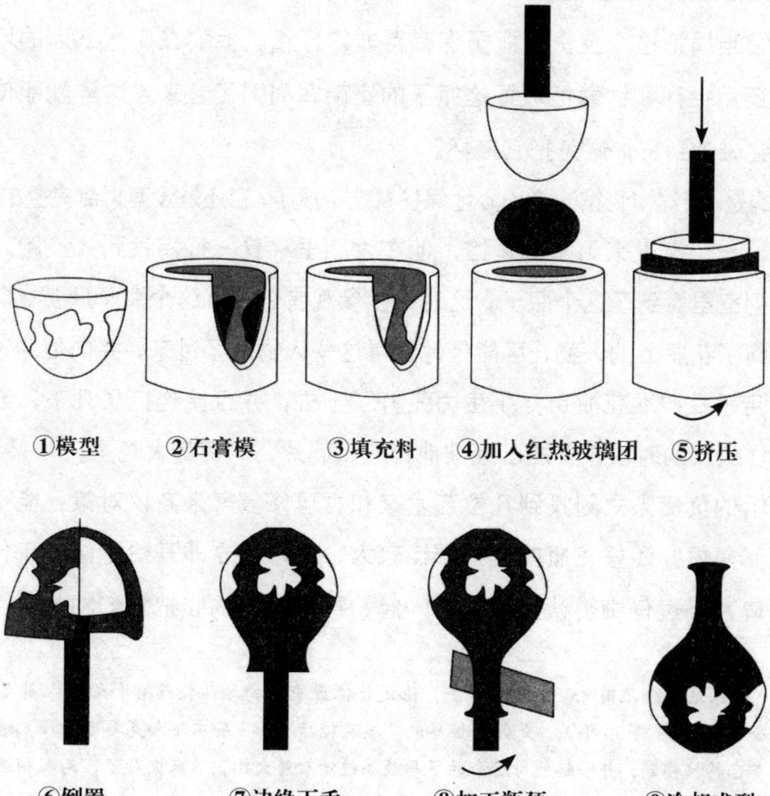

①模型 ②石膏模 ③填充料 ④加入红热玻璃团 ⑤挤压

⑥倒置 ⑦边缘下垂 ⑧加工瓶颈 ⑨冷却成型

大英博物馆里还保存着一个名叫波特兰瓶（The porelaha）的玻璃花瓶，这个花瓶的瓶身上也有很多美丽的花纹。

这个精巧美观的深蓝色花瓶上，刻着一个妇人和一条毒蛇，圆柱的旁边还站着一个青年人，一位老人站在树的旁边，还有一些其他的人物。

考古学家认为这个花瓶上描述的是安东尼和克娄巴特拉[①]之间的故事。

全部玻璃的历史上，这个花瓶是最艺术、最精细的雕刻工艺了！

这个花瓶的天才艺术家的制作者的姓名并没有流传下来，也无法考证出他所生活的年代。只能大概推算出他应该是公元 2 世纪的人。

300 多年前，人们在罗马的亚历山大 · 塞维鲁皇帝的大理石坟墓中找到了这个花瓶。这位皇帝非常喜欢玻璃制的艺术品，生前就搜集保存了很多。他死后，亲友们就把他生前最喜爱的花瓶放到他的坟墓里了，以此表达对死者的敬意。

博物馆当局把这个宝贵的瓶子保存得非常仔细。他们在离瓶不远的地方设了警卫，还用栏杆和铁索把放置这瓶子的座架四周围了起来。这样就能使参观者的手不会碰触到它，避免把它碰坏。

可惜的是，虽然博物馆这样小心地保护着这个瓶子，它还是没有得到完整的保全。

一天，一个疯汉来到了博物馆，他在大厅里拿着一根拐杖到处疯跑。忽然在罗马陈列室里看到了这个瓶子。这时许多参观者正围着这个瓶子欣赏。忽然，疯汉注意到了花瓶上的人物，可能是他觉得这些人物活了过来，并向他冲过来，于是，他用手杖照准花瓶用尽平生力气打了下去，并且接连打了几下，当人们冲过来拖住疯汉的时候，花瓶已经被他打成了碎片，一切都太晚了。

博物馆的负责人立刻找到几位艺术家和古玩修复家来商议对策：能不能把这个花瓶修复好？还好花瓶的碎片都比较大，专家们立即开始了修复工作。他们把各个碎片经过仔细辨认后拼接在一起，再用特制的胶把它们粘起来。用和

①马克 · 安东尼（公元前 83 ~ 前 30 年），他是恺撒最重要的军队指挥官和管理人员之一，克娄巴特拉（公元前 69 ~ 前 30 年），是闻名世界的“埃及艳后”。《安东尼和克娄巴特拉》讲述的是安东尼和克娄巴特拉相爱，并一起反对后来的罗马最高统治者屋大维，后来失败了，两人相继自杀的故事。在西方文明中，这个故事占有非常重要的地位，被人们广为流传，被莎士比亚改编为戏剧。

波特兰瓶（正面图）：画中间的少妇是屋大维的妹妹屋大维娅，屋大维把她嫁给了安东尼，以此来巩固与安东尼的同盟关系。后来安东尼与屋大维决裂，并抛弃了屋大维娅，和克娄巴特拉结婚。屋大维娅左面的人是屋大维，右面是维纳斯女神。

波特兰瓶（背面图）：地上坐着的年轻女人就是埃及艳后克娄巴特拉，她回过身去，伸手拉住受她诱惑的罗马执政官安东尼。树后面的老人喻示着安东尼显赫的祖先，他站在树后审视着眼前的一幕。克娄巴特拉的正上方是罗马爱神丘比特，她的怀中有一条毒蛇，代表着她的阴毒心肠，也寓示了她最终被一条毒蛇结束生命的结局。

玻璃颜色相同的釉来覆盖接缝处。修复工作进行得很顺利，花瓶再次出现在博物馆里，虽然它是碎片拼起来的，但根本没人能看得出来。

博物馆接受了这个沉痛的教训以后，不可能再让这个瓶子放在陈列桌上冒险了。因为每天参观的人都有很多，谁也不知道会不会再出现一个精神病患者疯疯癫癫地冲上去把它敲碎，如果再有那么一次，恐怕就再也修复不好了。

那么，到底应该怎么办呢？难道要把这花瓶放到保险柜里，或是把它藏到博物馆的地窖里去吗？这个办法可绝对行不通，因为那样的话，人们就无法再看到它了。

最后大家商议后决定制作一个完全相同的复制品供展出。接着他们把此意见与学者、专家、有经验的玻璃工、艺术家等进行了交流，随后拨出款项，复制工作正式开始了。制作复制品的工作进行了两年，大致完成的复制品被安放到展览会上先与世人见面。而这件精致的复制品至少还需要三年的时间才能全部完工。仅仅这两年的时间，为了制作这个花瓶复制品已经花费了大约 3 万金卢布了。

人们到这时才充分了解到，需要多么高超的技术和多大的耐心才能制成这种刻花花瓶。难怪在时间观念很低的古罗马，这种花瓶都被人们称为是考验耐心的作品了。

古代有一位名叫马库斯·图利乌斯·西塞罗（BC.106 ~ BC.43）的著名演说家，他曾在一次讲演中说过这样的话：“如果谁的家里没有玻璃的装饰，那么这个人就是一个穷人。”

在当时的罗马，玻璃确实属于一种富人才有的奢侈品。

罗马玻璃工匠的技术虽然精湛，但仍旧没能为人们制造出所有生活必需的玻璃物品。譬如说，罗马人不知道镜子。罗马漂亮的女人们通常都是在银盘或铜盘里看到自己模糊的容貌，即使是这样，她们也觉得非常满足了。罗马人也不知道窗玻璃，更不会制造，即使是皇帝的宴会也都是在半昏暗的大厅里举行的。

尼禄统治着半个世界，他是一个近视眼，却没有一副现在最普通的近视眼镜。当他想要看清一件东西时，就要在眼睛前面放一片打磨光的绿宝石薄片。

在玻璃制造史上，罗马的玻璃工匠有很多杰出的贡献。玻璃吹管是他们首先发明的，有色玻璃也是他们首先制造的，他们还会制造非常精致的杯子和花瓶。但他们还无法把玻璃制品的成本降低，让所有人都能买得起。

第3章 人造火山

3.1 1500℃

俄罗斯外高加索的群山中，有一个美丽的湖，名为塞凡湖（SevanLake）。湖旁堆着很多奇怪的石块。这些石块的样子很像玻璃碎块，因为它们在太阳的照射下闪闪发光，而且还有锋利尖锐的棱角。其实这些石块就是“火山玻璃”。火山爆发的时候，它们随着岩浆一起喷了出来，凝固以后就形成了这些光辉耀目的块块。也就是各种埋藏着的物质被地下可怕的热力熔化之后又混合在一起喷到了地面上。

可以说这种玻璃是地球送给我们的礼物。那么我们为什么不用它制造一些玻璃杯、玻璃瓶和玻璃长颈瓶呢？

这种火山玻璃非常少，用它只能做成极少的东西，而且这种玻璃呈黝黑或暗灰的颜色，非常不美观，也很难把它进行加工制造。所以我们只好想办法制造人工玻璃了。

人们建起了很多像小火山一样的玻璃熔炉来制造玻璃。

需要极大的热力和极强的火力才能使沙粒、苏打和石灰分解，再按新的方式化合起来，形成玻璃这种物质。

200 年前，俄国的天才学者罗蒙诺索夫说过这样的话：“火是玻璃的父母，是火把它们生出来的。”他说的是千真万确的事实。

现代的玻璃熔炉里的温度已经达到了 1500 了。你可能还不能理解这个温度的意义，你可以假定汽油炉烧到了 1500 ，那时黄铜和生铁做成的炉身都会像蜡烛燃烧后滴下蜡油一样地熔化了。

假设房间里的壁炉烧到 1500 呢？那么，这高温就会把壁炉四周的砖块熔化掉，使这些东西都成为一股火流流到外面去。

想像一下，制造玻璃熔炉的材料可不是普通的砖块，用的可是耐火砖。这种耐火砖是用一种特别的泥土制成的,可以在 1700 以上的高温下不会熔化或软化。

每一块耐火砖的厚度约为半米，重量超过 100 公斤。即使是这样的耐火材料，有时候也会由于温度过高而受到损伤。这些砖块差不多每隔三四个月就要进行一次更换，因为旧砖已经差不多都被整个烧透了。

玻璃熔炉和我们家庭中取暖用的小火炉是完全不同的，它的体积非常大，几乎是一座可以容纳二三十户人家的三层大厦那么大。这种熔炉的重量约为 2700 吨，也就是说，它的重量几乎等于 20 部很大的重型火车头的总重量。

那么这种玻璃熔炉是谁发明的呢？

这种玻璃熔炉的发明者不是某一个个人，而是几十个、几百个人。

这种熔炉是经过几个世纪的时间才逐渐创制和改善成功的。

这种玻璃熔炉是人类 2000 年来劳动、发明与坚强努力的标志。

3.2 充满智慧的长老

现在我们知道，罗马人制造出了第一座玻璃熔炉。用第一座玻璃熔炉炼玻璃的那一代罗马人早已不在人世了。

第6世纪时，即使是罗马帝国本身也灭亡了。后来，新的国家在它从前的位置上建起来了。岁月匆匆过去，罗马的玻璃熔炉却度过了这漫长的岁月。人们直到18世纪还在用同样构造的炉子熔炼玻璃。

这种熔炉是如何制造出来的呢？我们在被称为“西奥菲勒斯长老”[①]的修士所写的书中可以找到了答案。

西奥菲勒斯勤劳又博学，他和一般的修士完全不同。11世纪时，他写成三大卷书，内容涉及写生画、音乐、珠宝琢磨、象牙雕刻以及玻璃制造等很多方面。

这些学问都是他在实际工作中学到的。他是一位艺术家，同时也是玻璃制造者和珠宝鉴定家，还自己动手制造了风琴。

这是西奥菲勒斯在他的著作的卷头语中给读者的致词：

亲爱的朋友们，你们在这里可以毫不费力地学到许多知识，这些知识都是别人冒着生命危险远涉重洋、忍饥受寒历尽艰辛才得到的。把书中谈论的各种技艺贪婪地摄取吧，拿出高度的热情来把它们记在脑海里吧！记住这些课目吧！孩子们，我在多次的旅行、工作和劳动中获得了这些知识。当你们获得这些知识以后，不要只顾一个人独享，要把它们拿出来传授给身边的人。

---

①本笃会修士西奥菲勒斯长老（Theophilus Presbyter，1070～1125年），德国人或瑞士人。用拉丁文写与巨著：《多样艺术录》（*Scheduladiversarum srtium*），也被称为《多种艺术》（*De diversibus artibus*）。书中对中世纪各种各样的应用艺术进行了详细描述，内容包括素描、绘画、泥金装饰、手抄本、书籍装订等。整部作品分为三卷。第一卷的主要内容有绘画和绘制材料的使用及产品（绘画技巧、油漆、油墨），还对在墙上制作泥金装饰的内容进行了特别介绍。第二卷的内容包括对彩色玻璃和玻璃绘画技巧的介绍。最后一卷对各种金属产品制造金饰技术作了介绍。他还在著作中讲了建造管风琴的具体方法，并把油画写进了著作中，这在人类历史上还是第一次。现在，他的著作已经被翻译成英语、法语、波兰语、葡萄牙语、西班牙语、匈牙利语、德语、意大利语、日语、保加利亚语和俄语，在世界历史上占有重要地位，他遗留下来的大部分手稿都被保存在维也纳的奥地利国家图书馆。——编者注

西奥菲勒斯时代的玻璃熔炉是一个不大的矮炉子，用木柴来烧炉子，但没有烟囱。那么烟从哪里冒出来呢？它们是从工人们取出玻璃的那个工作着的炉洞口冒出来的。另外，它们还会从砖块间的缝隙里冒出来，浓烟布满了工人们吹制玻璃器皿的房间。

那时候的熔炉还有一个热量浪费得太多的缺点。火焰发出的全部热量中，只有大约1/30的热量成为了供给的有效热量。也就是说，丢到炉里30根木柴，其中的29根都浪费了；它们把厂房里的空气都烧热了，却没有把玻璃烧热。所以，必须像以前埃及人的做法一样把玻璃熔炼两次才行。

玻璃是放在陶土罐子里烧出来的，这一点和从前是一样的。这种陶土罐子经过几次烧炼之后，就无法继续使用了。到时只能把旧罐子从炉子里取出来，换上新的。玻璃厂主不会在炉子冷却后再换上新罐子的。

如果炉子冷却了，那么至少需要6天的时间才能把冷炉子重新烧热，这6天中，工厂就没有收入了。

所以要在不停火的情况下更换罐子。具体应该如何操作呢？

工人穿着厚猪皮制的工作服，头上戴着只在眼前留两个小孔的密闭革盔。手上都戴着三层的革制的手套。看上去就像一个潜水员。接着他往身上泼上一大桶水，这时他就更像个潜水员了。

其实他们应该是“潜火员”，把新的、烧红了的陶土罐用钩锔子推到熊熊的火海里。这时会从炉子里迎面喷出无数火舌头，疯狂地向人身上扑来。“潜火员”的衣服上会冒出很多水蒸气，这时他们连呼吸都觉得困难。

这时要把滚烫的陶土罐准确地放到适当的炉孔里面，而且速度越快越好，将来制成的玻璃就是从这个炉孔里取出来的……

玻璃制造厂里最艰苦的日子莫过于更换烧罐的日子了，但除此之外的时间，也并不多轻松……

阿格里科拉，德国科学家，他在《论矿冶》中所记录的玻璃作坊。

《百科全书，或科学、艺术和工艺详解词典》

《百科全书，或科学、艺术和工艺说解词典》（法语：Encyclopèdie,ou dictionnaire raisonnè des sciences,des arts etdes mètiers），简称《百科全书》（Encyclopèdie），是法国一部分启蒙思想家于1751～1772年间编撰成的一部法语百科全书。全书共17卷正编，11卷图编。后经补编，1780年再版时为35卷。

《百科全书》的主编为著名的哲学家狄德罗，副主编为让·勒朗·达朗贝尔。很多法国启蒙运动时期的著名人物都参加了此书的编撰，主要人员有孟德斯鸠、魁奈、杜尔哥、伏尔泰、卢梭、布丰等人。这些人后来被称为百科全书派（Encyclopèdiste）。

《百科全书》是一部革新的百科全书，是历史上第一部致力于科学、艺术的综合性百科全书，是启蒙时代思想的代表作。对此，主编狄德罗是这样描述的：《百科全书》的目标是“改变人们的思维方式”。

这部著作中，关于玻璃制造的内容有4个部分，分别是“木炭燃料加热玻璃制造”（制作餐具和酒杯等小物件）、“木炭燃料加热玻璃制造”（制作冕玻璃与平板玻璃）、“煤加热玻璃制造”和“英国玻璃制造”。本书中收录了这几部分的插图，读者可以从中清楚地看到18世纪时玻璃制造的具体情况：包括技术、工艺、制作方法、设施、工具等。下面是“木炭燃料加热玻璃制造”的部分，对法国赛弗玻璃工厂的设计、玻璃切割、制瓶技术进行了具体介绍，其他几部分可见本书中的相关章节。

丹尼斯·狄德罗（Denis Diderot，1713～1784年）法国18世纪杰出的启蒙思想家、唯物主义哲学家、无神论者和作家，百科全书派的代表人物之一。主编了《百科全书，或科学、艺术和工艺详解词典》（通常称为《百科全书》）（1751～1772年），这是他的最大成就。

让·勒朗·达朗贝尔（Jean le Rond d'Alembert，1777～1783年），法国物理学家、数学家和天文学家。在数学、力学、天文学、哲学、音乐和社会活动等很多领域都进行过深入研究，并颇有建树，并参与编写了《百科全书》。

1. 木炭燃料加热玻璃制造。木炭燃料加热的小玻璃瓶工厂的内部景象。

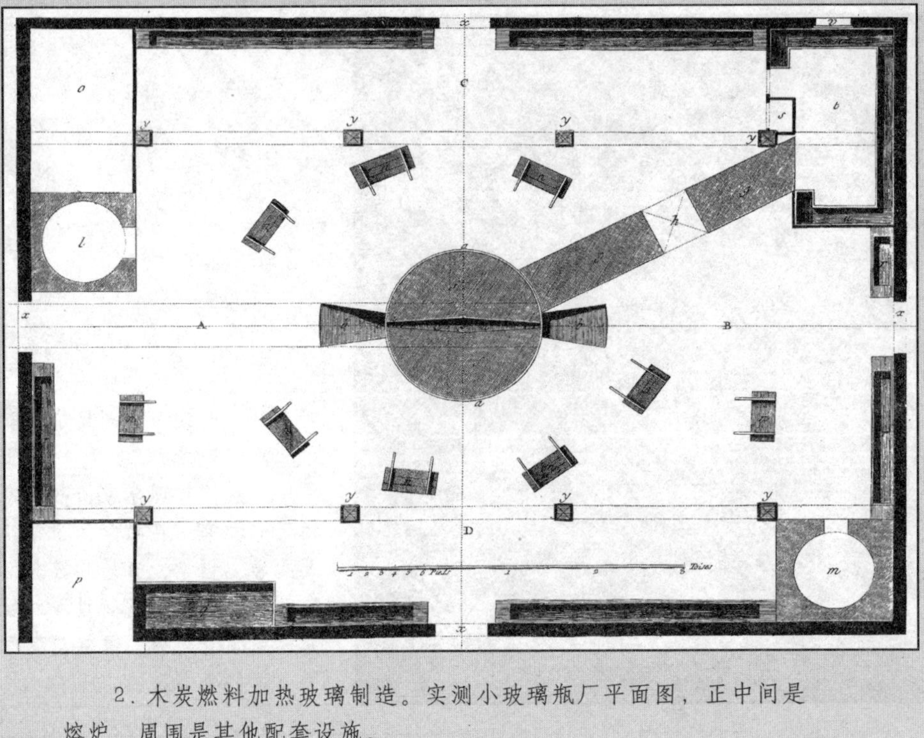

2. 木炭燃料加热玻璃制造。实测小玻璃瓶厂平面图，正中间是熔炉，周围是其他配套设施。

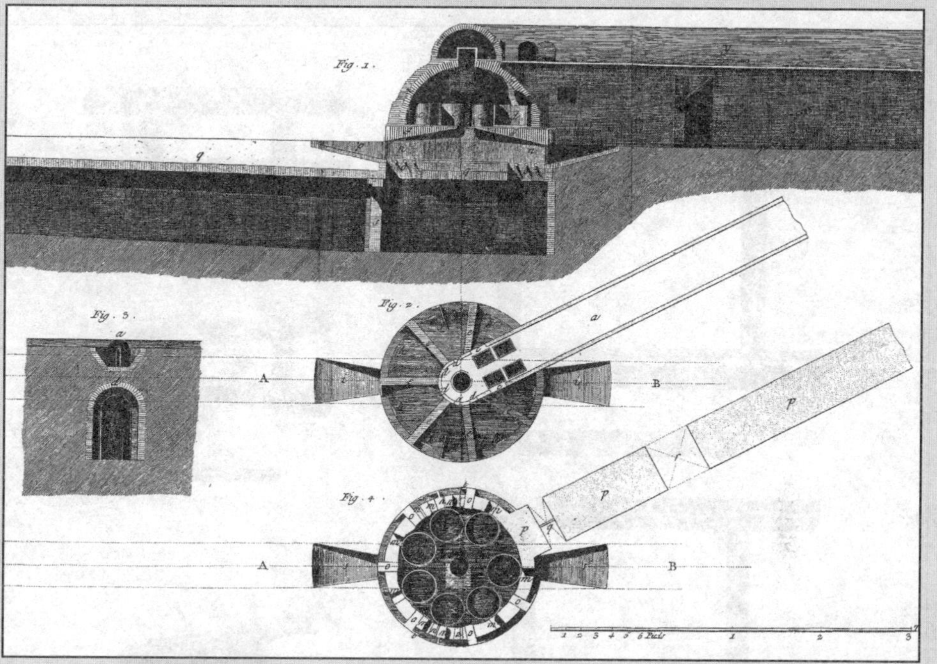

3. 木炭燃料加热玻璃制造。小玻璃瓶厂 A—B 线截面图，上为整个熔炉的纵剖面图，中为熔炉拱门层横切面图，下为熔炉灰烬层横切面图。

4. 木炭燃料加热玻璃制造。建造小玻璃瓶厂的各种工作分解图。

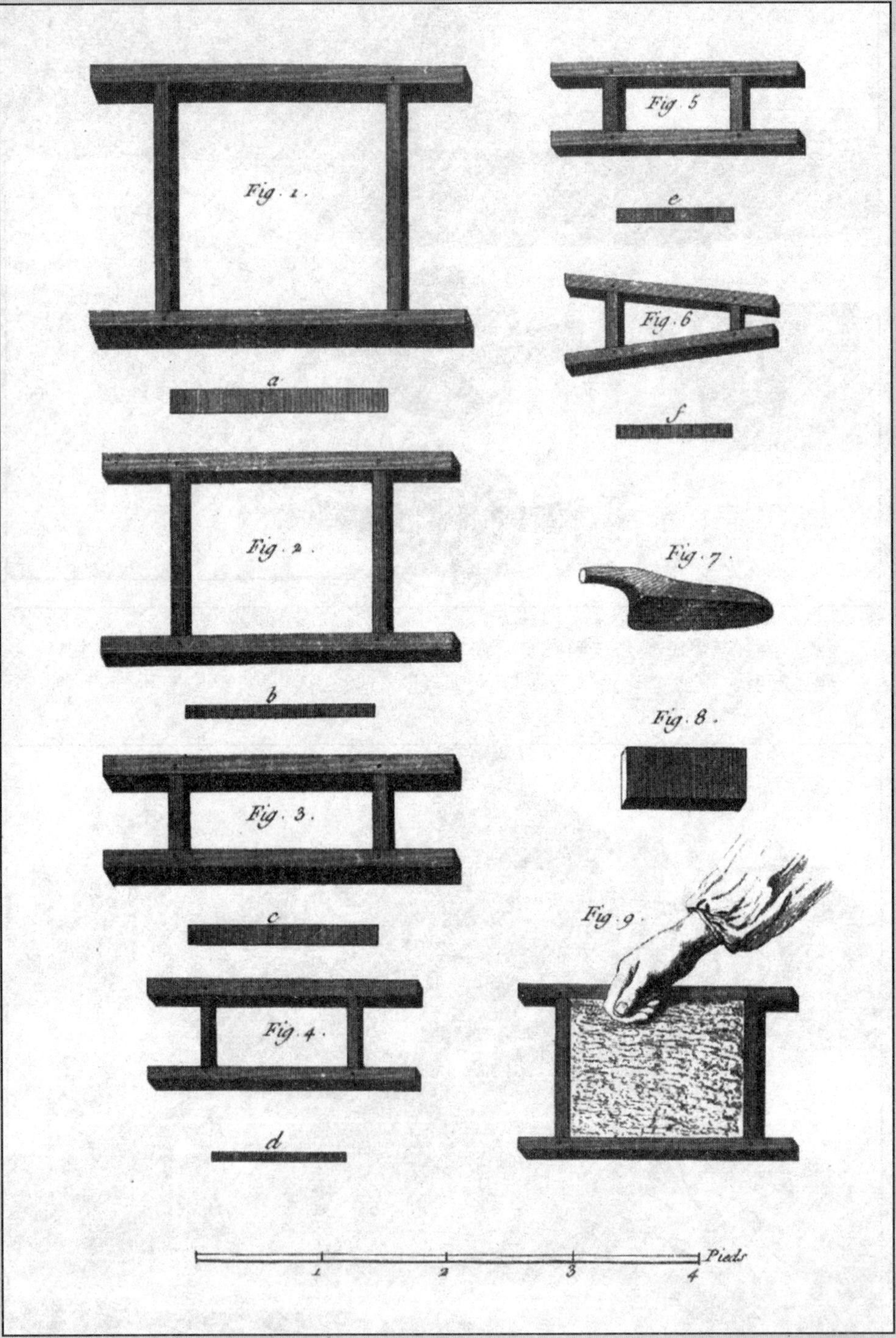

5. 木炭燃料加热玻璃制造。小玻璃瓶厂建造用砖的模具与尺寸示意图。

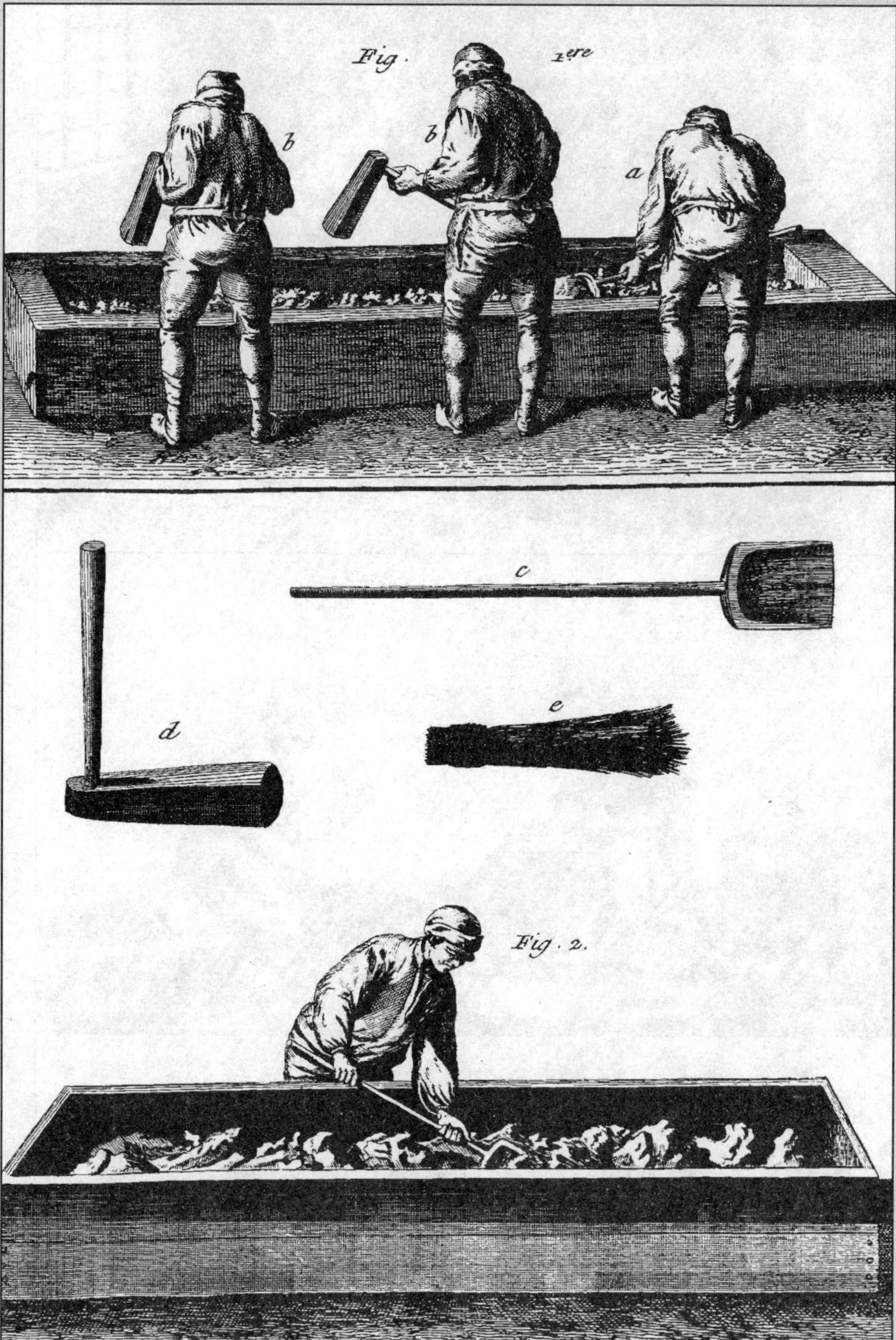

6. 木炭燃料加热玻璃制造。上为在木槽中把干黏土捣碎，用它们来做砖头和坩埚；下为弄湿灰料，把它们混入旧坩埚废料中，从而调整灰料的比例。

7. 木炭燃料加热玻璃制造。上为打破旧坩埚；中为研磨、过筛，将它与灰料混合；下为各种应用工具。

8．木炭燃料加热玻璃制造。制造坩埚的操作情景。

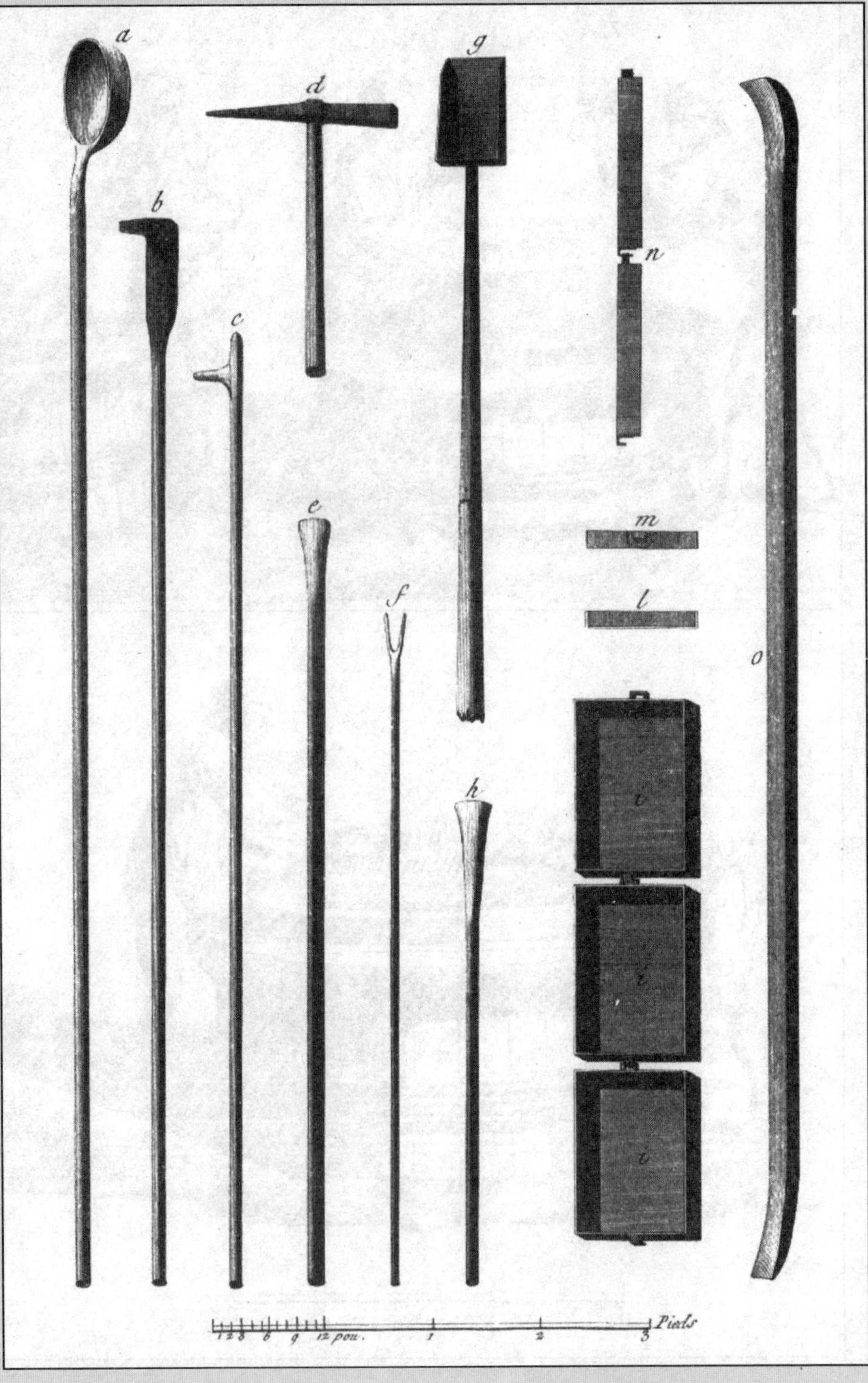

9. 木炭燃料加热玻璃制造。小玻璃瓶厂使用的各种工具。

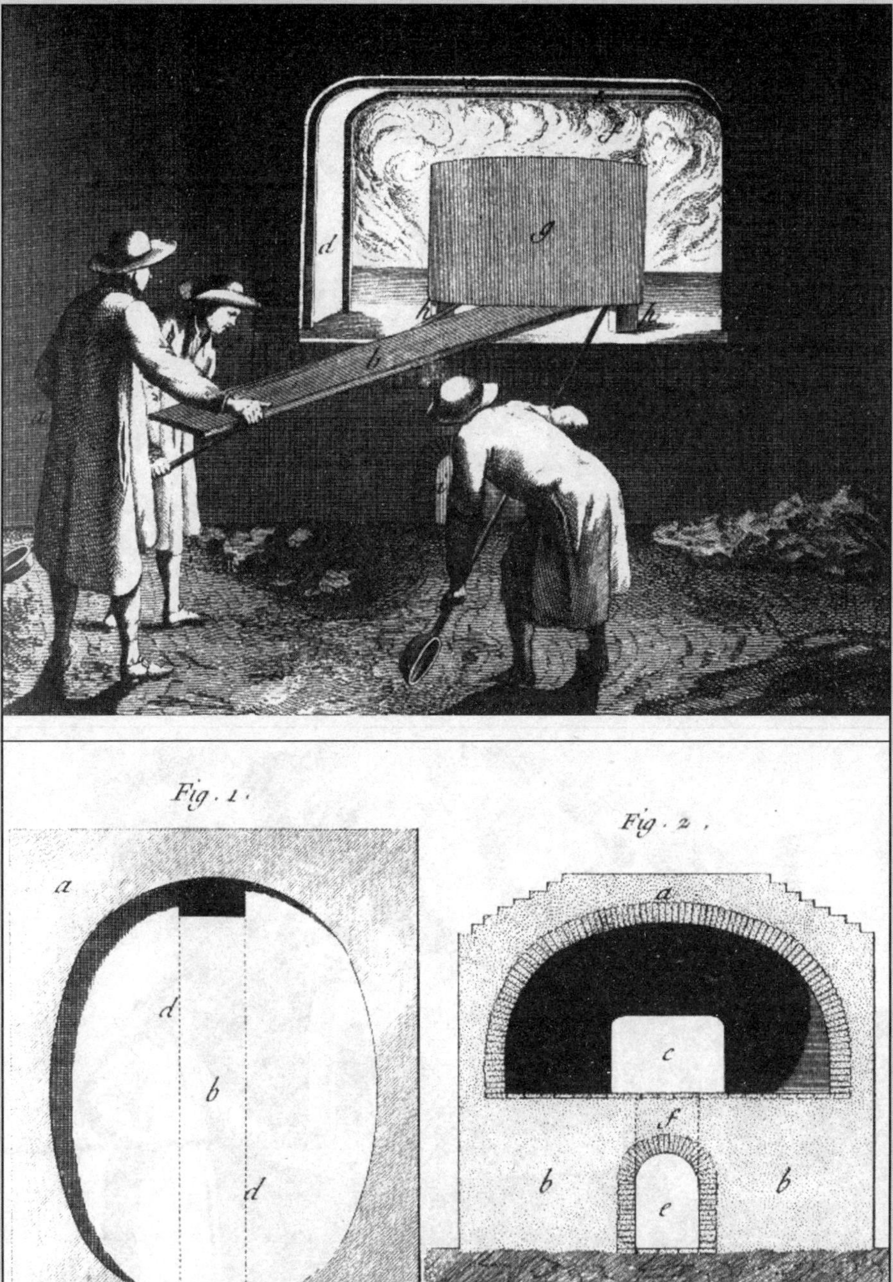

10. 木炭燃料加热玻璃制造。上为把红热的坩埚从坩埚窑中回收；下为坩埚窑和回火窑截面图。

11. 木炭燃料加热玻璃制造。上为去除破旧的坩埚；下为清洁炉膛。

12. 木炭燃料加热玻璃制造。上为调整工作室；下为撬起坩埚。

13. 木炭燃料加热玻璃制造。上为整理工作室；下为制作支撑封闭的玻璃熔炉黏土墙的支架。

14. 木炭燃料加热玻璃制造。上为从坩埚窝中抬出坩埚，把它送进玻璃熔炉，下为用有支架支撑的黏土封闭熔炉的大敞口。

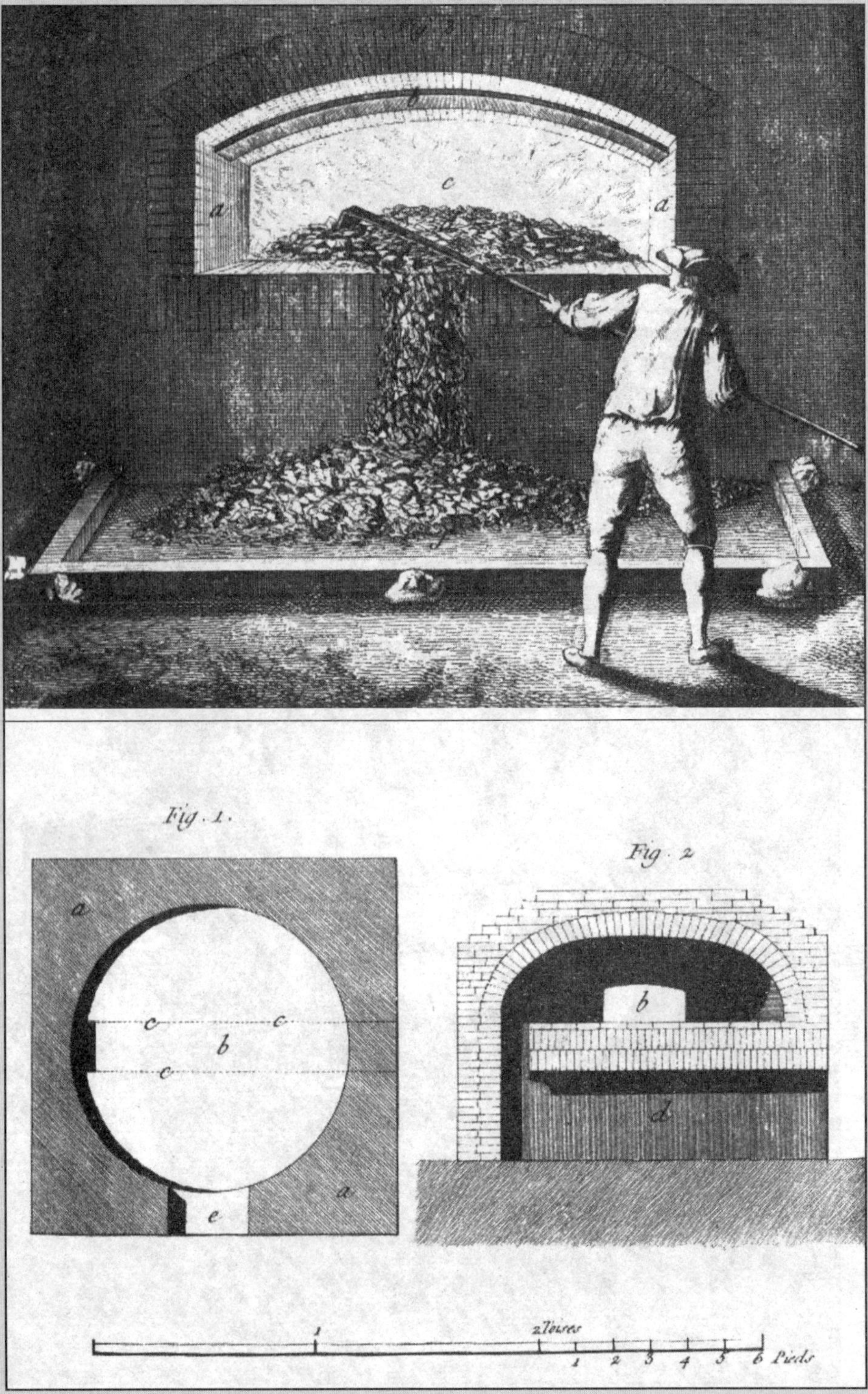

15. 木炭燃料加热玻璃制造。上为把玻璃料用耙子取出；下为玻璃熔炉的截面图。

16. 木炭燃料加热玻璃制造。工人们捡出碎玻璃和破损的瓶子，把它们运送到工作台，与玻璃料混合以备再利用。

17. 木炭燃料加热玻璃制造。上为将破破璃和玻璃料混合；下为把混合后的料加入玻璃坩埚。

18. 木炭燃料加热玻璃制造。玻璃瓶制作需要的各种工具。

19. 木炭燃料加热玻璃制造。玻璃瓶的制作全过程。

20. 木炭燃料加热玻璃制造。玻璃管的制作全过程。

21. 木炭燃料加热玻璃制造。上为从退火炉中将成品取出；下为把制作好的成品运到储藏室。

当时，画家们经常要为教堂画一些向人们描绘罪人在地狱里受磨难的痛苦情形。他们并没有见过地狱的样子，所以要尽心地想像地狱里的可怕。

后来，他们阅读了《圣经》，才作出了一些画。画上有一个阴暗的地窟，里面弥漫着毒烟，毒烟中还时而有火舌喷出；一些罪人赤身裸体，脸由于疼痛而变得痉挛，在炎热和浓烟里急促地喘着气。

这些情景都是画家想像出来的。

但这些情景和玻璃厂里工人们工作的情形太像了！当时的玻璃厂里非常昏暗，到处冒着浓烟，喷着火舌。火球抖动着，说不定从哪个方向喷射而来。工人们半裸着身体，面孔都歪扭了，双腮鼓起，在一根铁管子里对着那些火球用力地吹着、摇着、甩着、摆动着、抛掷着。

这不是真正的“地狱”吗？

但这些工作在这个地狱里的人，却是真正的艺术家。

他们在烧红的炉边受着高温烘烤，却制造出那么精美的物品。他们不仅在滚热的玻璃里吹进了肺部的空气，还往这脆弱的玻璃中吹进了自己的灵魂和自己对美好的渴望。

3.3 在慕兰诺岛上

在亚得里亚海蔚蓝色的海湾中，离威尼斯两公里的地方，有一个名叫慕兰诺[①]的小岛，岛上有个非常小的城市，叫慕兰诺。这座小城市非常不引人注意，翻遍了百科全书也未必能找到它。

那么，旅行家们能在这座小城中找到什么呢？现在，慕兰诺城里的居民只有5000人左右，大多数都是渔民和船夫。

城里有一座700年前修建的大教堂，还有一座主教的宫殿，年代久远，现在

①慕兰诺岛（Murano Islaud）意大利威尼斯外海的一群小岛，岛上有成千上万个玻璃作坊，是世界玻璃制造的重镇。

改成了博物馆。这些就是这座不为人所知的城市可以向世人介绍的一切内容了。

但你能想像得到吗？慕兰诺岛在600年以前可是闻名于整个西方文明世界的。

那时候，这个城里有2.5万居民，可不是现在的区区5000人，而且这些居民当时都是技术娴熟的玻璃工。这个小岛上的玻璃作坊、学校和工厂的数量就达到约300座。

当时人们对慕兰诺的玻璃瓶的估价甚至比黄金还贵好几倍。

有一次，奥地利皇帝马克西米连向某公爵商借数目约合10万金卢布的一笔钱。公爵答应如数贷款，但同时要求皇帝用同等价值的东西交给他作为抵押品。

于是，皇帝派人把一只黄色玻璃制的花瓶给公爵送去了。这是一只慕兰诺岛的技师们制造的花瓶，这个抵押品令公爵非常满意，没有再提出其他要求来。

慕兰诺岛原本属于威尼斯共和国，实际上它是这个国家里面的一个小国家——玻璃业者的国家。这个玻璃国有自己的法律，有自己发行的货币，由自己的最高政务会议管理。这个最高政务会议是全体公民在玻璃业者先哲圣尼古拉的纪念日选出来的。威尼斯甚至还有慕兰诺岛派去的大使进驻。

玻璃制造的技艺受到人们的重视。只要慕兰诺的哪个公民成了玻璃技师，就能取得爵位，慕兰诺岛志的“金榜”上就会记上他的名字。玻璃技师的女儿可以嫁给威尼斯的王公大臣，这样的婚姻被大家认为是门当户对的。其他行业的人是永远也得不到这样的特权和优待的。

慕兰诺人也正是为了这些权益与特权才出卖了自己的自由。

慕兰诺岛的玻璃技工的处境就像是被关在金丝笼里的鸟儿一样：国家把他们的技艺当成机密，于是他们成了“囚徒”，被终生“监禁”在这个岛上。

秘密警察会严密监视着岛上的每一个技师，以防止他离开这个岛去别的国家。

如果一个玻璃工人和技师把他的技艺从威尼斯带到别的国家，从而给国家带来一定的损失，会立刻传令他回国。

如果这个玻璃工人和技师不回国，为了强制他回来，就要把他最亲近的人

海德薇格玻璃杯

都监禁起来。

如果这样他仍坚持不回国，就会派人去把他杀死。

这是威尼斯共和国被严格地执行着的法律。

16 世纪中叶，慕兰诺岛上有一位名叫别洛维洛的著名玻璃技师。他制造了很多五彩高脚杯，非常精致美观。这位技师在一本皮面的记事薄里小心地记下了他制造五彩玻璃的配方和方法。

这位技师有一个名叫巴列林诺的助手，他经常找机会偷偷地抄录这本记事簿中的五彩玻璃配方。

然后，他把记事簿放回原处，并在一个昏暗的雨夜逃离了慕兰诺岛。

威尼斯共和国为了寻找这个逃走的玻璃技师，最高会议下令间谍人员出动搜寻。

间谍们找了整整两年的时间，终于找到了这个偷窃配方的逃亡者。当时他已经在德国的一座小城市里设立了一座玻璃作坊。

一个深夜，巴列林诺的作坊被人纵火烧掉了，人们找到了巴列林诺的尸首，还有一把明晃晃的短剑插在他的心窝上……

即便是这样，还是有一些慕兰诺人幸运地躲避了最高会议的报复行为，在异国他乡安然度日。而这些离开慕兰诺岛的玻璃技师们也把他们的手艺带到了他们定居的国家。

常言道：会唱歌的鸟儿在哪里都会唱，包括在金丝鸟笼里。慕兰诺岛上的玻璃艺术家们，虽然没有自由，但仍然制作出了非常精美的物品。

他们用很薄的透明的玻璃叶子制作出玫瑰花、龙、翅膀、蝴蝶结等很多精致美丽的花样，还用这些东西作杯盏的装饰。

威尼斯的玻璃技师们，用小钳子、小锯子、小扦子等一些最简单的工具，精心地雕塑出这些精致的花饰来。

这种工作非常精细，需要玻璃技师拿出无限的耐心和超凡的灵巧。薄玻璃叶子凝固硬化得很快，往往要经过重新加热。所以，技师们要在离玻璃熔炉很近的地方工作，如果离熔炉远了些，刚在炉中烧热的玻璃叶子在路上就凝固硬化了。

冬宫博物馆里有一只最精致的慕兰诺高脚杯，高半米，但它的外壁非常薄，薄到好像一口气就能把它像吹羽毛一样吹得飞舞起来似的。它的杯身又圆又深，一点装饰也没有，但杯脚和杯盖却装饰得非常美丽，尤其是杯盖，装饰更加精致。这个地方有蝴蝶结、花朵和各种装饰物，都是用像玫瑰花瓣一样薄的玻璃片贴成的。杯盖顶端还有一只小鸟高高耸立着。

人们简直无法相信这些小巧玲珑的东西都是用玻璃制成的。

鸟儿、猫儿或狮子等形状的大杯子和盖；小艇、兵船、钟楼形的花瓶，慕兰诺的技师几乎没有什么东西不能用玻璃制造出来的，这些东西，都是这些技师们用玻璃吹制或塑造成的。

慕兰诺技师们会制作水纹玻璃，这可是他们的拿手绝活。这种水纹玻璃是一种透明的玻璃缸，它的玻璃壁非常薄，里面有乳白色的玻璃线纹。

在这个玻璃壁的把手里都能看清旋绕的细玻璃网纹。

慕兰诺技师的这个秘密人们始终无从得知。后来，从慕兰诺小岛逃出来的技师们把这个秘密告诉了其他国家的技师。

原来，这种水纹玻璃器的制造方法是这样的：把很多纹好的乳白色玻璃丝贴紧模子的壁铺到一个金属模子里，然后把一团透明的玻璃液放进模子里，用力吹，上面就印上了乳白色的玻璃花纹；在透明的玻璃液里再浸一次这团沾了玻璃丝的玻璃，这时已经吹成的杯子或缸儿的玻璃内部就有了像是用玻璃丝编成的网纹了。

只有最有经验的技师才能胜任这么精细的工作。

慕兰诺闻名于世的有水纹玻璃器皿和有精细装饰的高脚杯，除此之外，早在古罗马时代开始，手艺精巧的慕兰诺技师们就有了在玻璃器皿上画出美丽的花彩的技艺。

现在还有一只古罗马的大杯子留存于世，杯壁上是仙鹤和童话中的矮人争斗的场面。在芦苇丛中，小矮人正手执长矛和盾牌向敌人奋力进攻。那些鹤则用力拍着双翅，伸着长喙在奋力反击。

这张画是画在杯面上的。它用绿色颜料画成了芦苇丛，用黄色颜料画成了仙鹤，用红色颜料画成了小矮人。

慕兰诺人的杯子和花瓶画得非常好，技艺在罗马人之上，他们把五颜六色的釉彩或一薄层金子用笔画在玻璃上。

当时的威尼斯有用一对画有图饰的高脚杯作为结婚礼物的风俗习惯，两只杯子上分别画着新郎和新娘。在婚宴上，年轻的宾客们喜欢用这样的杯子喝新人的喜酒。

还有种大杯子，杯壁上画着故事画，画得最多的就是各种古希腊英雄的故事画。

釉彩画的图画非常坚固，但由于金质很容易揩掉，画面就会破坏了，所以说金质画的图画没有那么坚固。慕兰诺技师们为了保存金质画面，会在画面上蒙上一层薄得透明的玻璃膜，根本看不出来。

这些精美的艺术品都是慕兰诺的技师们用辛勤劳动和技艺制造出来的。难怪现在全世界各大博物馆都把威尼斯的酒杯和花瓶小心地保存起来了。虽然当时威尼斯技师用的工具和熔炉与从前罗马人用的一样，但只有慕兰诺人才做得出这样精巧的玻璃器皿来。

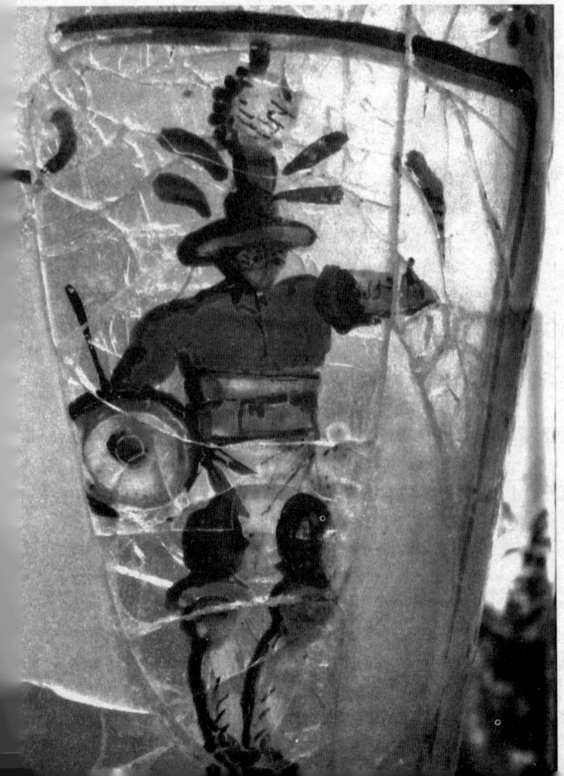

古罗马玻璃杯，杯壁上是仙鹤和童话中的矮人争斗的场面

3.4 炊壶一样的熔炉

当时的玻璃制造厂需要很多像桦、松、榉等品质上好的发热量大的木料。所以，这种工厂为了方便取得燃料，往往会把工厂设在最茂密的树林里。但经过一两年来对附近树木的砍伐，树木离厂子越来越远了。六七年的时间后，玻璃厂曾经所在的树林就几乎成了空旷的平原，只能在远处还能看到一点树林。

树林越来越远地离开了玻璃厂。

于是，厂子开始追逐着树林，这倒不难，只要把厂子搬到新的地点，只要把厂里的熔炉和库房以及一切可以使用的东西收拾起来搬到新的地点就可以了。当然了，这个新地点是在树林的深处，一个星期之内，玻璃厂就在这里“复活”了。

但只有林木丰富的国家才能供得起这样使用树木。可就算是在这样的国家里，玻璃制造业也在威胁着树林，使树林有被砍完用尽的危险。

英国的林木非常匮乏，他们应该怎么做呢?

首先，英国的船舶制造业受到了威胁：他们制造桅杆、船壳和全部装饰时都需要上好的木材。做木器的技师们制作时也离不开良好的木料。但这些木材却越来越缺乏了。

玻璃制造业的存在威胁到了其他行业，不仅如此，它自己的存在都面临着危险。由于全部林木被砍伐完的时候，玻璃熔炉只得熄掉，无法生产玻璃了……

英国政府决定下令禁止玻璃制造业用木柴作为燃料，英国有很多煤，他们可以烧煤。

这道严厉的命令颁布于1615年。

下道命令非常容易，但真的实施起来太难了。在这之前，玻璃工匠们根本没有烧过煤，连让它如何燃烧起来都不知道，他们把煤敲成小块，在把它们投进熔炉之前先在它们身上浇煤油之类，甚至于浇上酒精，再把它们扔进炉中。由于煤的燃烧没有足够的空气来维持，所以煤的火非常微弱，炉子里都是沉重的黑烟，后来烟逐渐沉到底下，微弱的火焰还是熄掉了。

看来要想使燃烧时发出灼热的火焰来，就要把炉子彻底改造，使它具有强大的力量。

这件事最早是被英国一位名叫铁洛爱尔的玻璃制造业者做到的。

他制造了一个地下隧道，这样一来，一股强力的空气就从这里流到熔炉里，穿过燃烧着的煤层后再飞向高处。另外，铁洛爱尔还用六倍高的外壳把整座熔炉团团围住。这个外壳越往上越窄，这就是烟囱这种烟囱。做得非常特别，也是现代工厂烟囱的雏形，只是这个烟囱。并没有建筑在熔炉的上面，而是整座熔炉、整个工厂都藏在这个大烟囱里面。

从外表上看去，这个装置非常像一把巨大的俄式炊壶，炊壶的烟囱在壶中央，而这个装置正中间是熔炼玻璃的地方，空气在它的四周绕来绕去地流动着。

1618 年，铁洛爱尔的熔炉开始熔炼玻璃。人们找到了一个使煤燃烧得很好的方法，而且还能使煤达到很高的热度，立刻烧好玻璃，比之前用的旧式熔炉更好的是，不必像之前那样烧两次，相比之下，这个方法的熔炼速度更快了。

英国的玻璃技师们在制造玻璃制品时，更注重于它们的坚实耐用性，而并不过于追求玻璃制品的精致与美观，从而制作出了很多品质非凡的瓶子、酒杯、玻璃缸、玻璃杯。

英国的玻璃技师们还最早制造了玻璃墨水瓶。在这以前，人们都是用牛角、皮革或金属来制造墨水瓶的。英国玻璃技师们发明出了一种非常安全的墨水瓶，就算让它倒过来放置，里面的墨水也不会流出来的。这种墨水瓶的边缘弯向内部，所以如果墨水瓶被打翻了，瓶内的墨水只会流到弯曲的深度，绝对不会流出来。

他们还制作出了一种非常小巧的特殊的旅行墨水瓶，瓶顶的瓶颈非常狭小，羽毛笔杆刚刚能够从这里伸进瓶内。可以把这种墨水瓶和笔一起随身携带于胸旁的口袋里。图中是一幅古画，画中的这位作家的身上就带着一只这样的墨水瓶。原图的下面标注着："杰克在办公。"

古代玻璃“魔球”

当时还有一种专为富人制造的玻璃球，呈淡蓝色，上有白色线条。这样的球被称为“魔球”。富人们认为它们有预防疾病的功能，往往会把它们放在住宅的入口处。这种被富人们认为是护符的玻璃球曾经突然爆裂过，还发出很大的响声。

灯时计

一位英国的玻璃技师还发明了一种名为灯时计的很特别的小玩意儿。灯时计里灯油的平面每小时降低一格。例如，晚上 11 点时将这个灯时计点燃时，它的灯油降低了 4 格，那么就可以算出，这时的时间是凌晨 3 点钟。当然了，用它计算出来的时间并不精确，而且它的光和油盏发出的光差不多，非常暗淡。所以，它在照明方面没有优势，计时也并不准确。

英国的玻璃技师们远不如德国的玻璃技师高明。后者非常喜欢用很普通的玻璃用具制造出千奇百怪形状的玻璃制品。

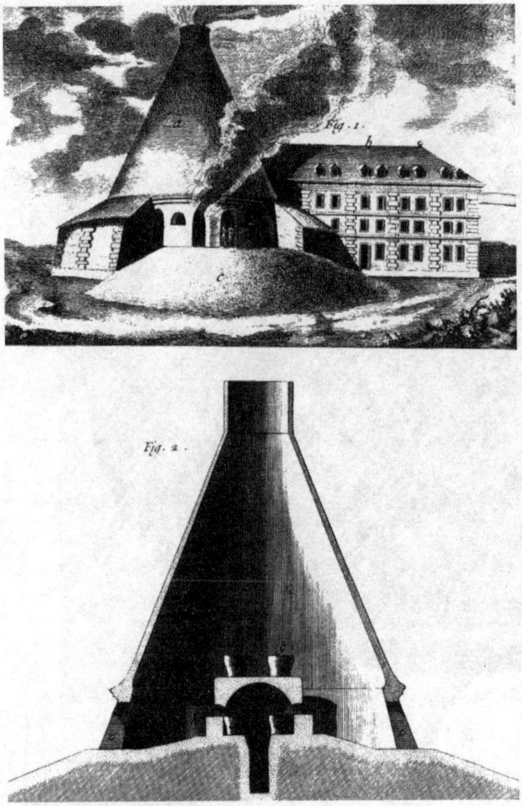

英国的玻璃制造厂。上为玻璃工厂外观图，下为工厂纵截面图。

举个例子，德国的玻璃技师可以制造出高统靴、一只马、狗或鸟的形状的玻璃杯子。还有一位技师制作出了一个笙形坛子，这个坛子有两支管子和一个把手，形状非常奇特。而且，这个坛子还有一个特别之处：外行人根本无法把里面的酒倒出来。其实其中的奥秘非常简单，用这个杯子倒酒的时候，要捧着坛身，而不能提它的把手。另外，这个坛子还有个特点：那些大管子都只是这个坛子的装饰，所以酒并不是从这些管子里流出来的，而是从旁边一个小孔里流出来的。

德国技师们还制造出了一种世界上最奇特的杯子。如果你用它喝酒，要具有十足的耐心：因为用这个酒杯喝酒时，酒从细管子里流出的速度非常慢，只会一滴一滴地流出来。而且，你喝酒时，酒杯还会发出叫声，就像鹳鸟在鸣叫，这种声音是空气经过细管子时发出来的。

用这样的酒杯喝酒很难喝个痛快，它的形状非常奇特，看上去就像一只大蘑菇倒立着放在一顶礼帽上一样，喝的时候，还要不断地转动杯子，才能一滴滴地喝到里面的酒。

库托夫玻璃杯

3.5 煤烟的用处

英国式的熔炉需要燃烧大量的煤，所以，很多科学家都在研究如何把它改造得比之前更加经济节能些，但这个研究持续了200年也没有达到预期的目的。

为什么这种炉子无法改善呢？

因为很多煤燃烧的温度可以达到900 ，在这样的高温下部分煤就变成烟尘飞到了外面空气里，最后落在厂房四周的地上，就这样被浪费掉了。

另外，室外流进来的冷空气还会使炉子里的火焰冷却。火焰本身的温度约为1300 ，而严寒的季节时，室外的温度往往在 –10 左右。这两个温度的差别太大了，炉子还会一股一股地抽进这种冷空气，这些冷空气也消耗了火焰的一部分热量。

冷东西可不只有寒冷的空气，煤本身也是非常冰冷的，要先费掉一部分热量把煤烧热，才能使煤燃烧起来。

空气和煤就像掠夺者一样夺走了炉子里若干的热量，而煤烟又浪费掉了另一部分的热。

如何改善炉子的这些缺点和不足呢？一位德国农民的儿子，名叫弗利德里希·西蒙斯（Friearich Siemens,1826 ~ 1904）的人解决了这一难题。

西蒙斯生于1826年。他自幼父母双亡，体质很差，甚至没有读完小学。15岁时，他就在一艘帆船上当了水手学徒。船上的劳动非常艰苦，海上经常遇到各种风暴和艰险，这些困难锻炼了西蒙斯坚毅的性格和强健的体魄，使他成为一个强壮勇敢的、有坚定意志的人，能够很好地完成自己的工作，达到他为自己规定的工作目标。

面对煤烟的问题，西蒙斯的想法非常简单：进到熔炉去的是冰冷的空气和煤块，却有很多毫无用途的煤烟从炉子里排出来。那么，是不是只要把这些煤烟捕集在一起并把它们的热量交还给空气和煤块就能解决这个问题了？

当时，人们知道如何把煤块变成煤气了。德国的许多城市里都有了煤气厂，并把煤气通过管子输送给住户使用。于是，西蒙斯想到首先要把煤块变成煤气。

西蒙斯就用从煤烟里取得的热量烧热冷空气和煤气。

图中为西蒙斯制出的熔炉的构造图：炉中有一左一右两组管道。

热烟要先通过一组管道，才能由烟囱向外排出，譬如说，这些热烟先通过左面一组管道。那么它就能很快地把这一组的管壁和栅网烧到滚热。接着把这些热烟转入右面一组管道，这时使空气和煤气从左面一组管道通过。

空气与煤气在烧热了的管道里通过时就被加热了。这时管道的壁和栅网的温度就降下来了，直至完全冷却。应该怎么办呢？这时就要把热煤烟放入这组管道里，再让空气和煤气进入右面一组方才已经被热煤烟烧热了的管道。

这样看起来，就像是热烟在为空气和煤气开路一样。煤烟用自身的温度烧热一组管道后，就接着去烧热另一组。空气和煤气在被烧热的管道里通行时，另一

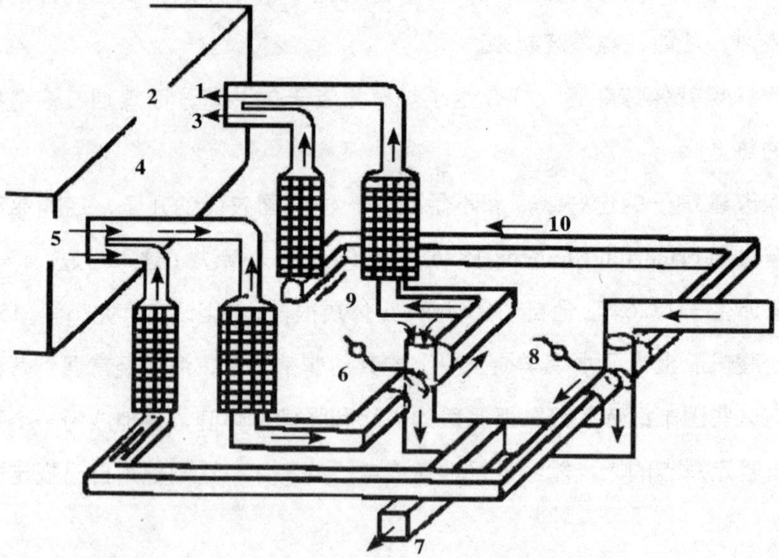

西蒙斯研究出的复热炉构造简图：1. 空气；2. 火焰；3. 煤气；4. 炉身；5. 燃烧产物；6. 空气活门；7. 通往烟囱的管道；8. 煤气活门；9. 空气；10. 煤气。

组管道也被热烟加热好了。

就这样，西蒙斯轻松地解决了两个大问题：煤烟没有白白地带着熔炉中的热量飞走了，火焰的热量也不再被冰冷的煤和空气掠夺了。

这种熔炉被称为复热炉。它的温度可以很轻松地达到 1450 甚至更高。

3.6 不再使用罐子

由于熔炉里的罐子只能放在炉子的四周，最多只能放 10 ~ 15 只罐子，所以说，用瓦罐来熔炼玻璃很不划算。

由于吹制玻璃的技师无法把他的吹管伸到太远的地方，所以他们根本无法把罐子放到炉子的中间部位，以致炉子中间约有 1/3 的地方都是空着的。

1858 年英国的玻璃生产

这个问题应该如何解决呢？一个偶然的机会人们解决了这个难题。

一个新安装西蒙斯式熔炉的德国工厂里发生了这样一件遗憾的事。这里的工人们技术还不够熟练，没有弄出应有的温度，这就使得一只装着即将烧好的玻璃的罐子破裂了，300 千克的玻璃液从破裂的罐子中流出，用这些玻璃液可以制造成 1500 只玻璃杯。

经常会发生这样的事，所以这件事也没有使人们太过惊异。但一小时后又有两只罐子破裂了，又过了半小时，所有的罐子都破裂了，这样的损失太沉痛了，这就不是个意外事件了。

熔炉的整个内部到处都是流出的玻璃液，很多破裂了的罐子的碎片在玻璃液中间漂浮着。这里成了一个到处光辉夺目地泛滥着火焰的玻璃湖。这时怎么把新罐子换上呢？唯一的办法就是先熄掉炉子，清理炉膛，再把它重新点燃，这样的话，工厂至少要停工两个月，这会给工厂带来很大的损失。

这时一个工人建议不必熄灭炉子，只要捞出罐子的破片就可以了，然后就像没有发生任何事故一样继续照常烧炼下去。

不用罐子，可以直接在炉子里熔炼玻璃吗？玻璃业的工作者们 5000 年来都没有任何一个人做过这样的尝试。假使炉壁被这个玻璃湖烧坏，滚烫的玻璃湖漏泻出来怎么办？如果出现那样的事，会造成更大的灾害。

但任何人都不愿意使工厂停工，于是终于决定冒险在这样的情况下继续烧炼玻璃。

没有发生任何新的灾难，烧出的玻璃与用罐子烧炼出来的玻璃相比，没有任何差别。

从此以后，许多厂子不再使用罐子，而是直接在炉子里熔炼玻璃了。

于是，没有对设备做任何改动，就可以在同样的时间内制造出比之前多出两倍以上的玻璃了。

第4章
瓶子的历史

4.1 瓶中瓶

从很久以前开始，人类就习惯用两只手来工作了。可吹玻璃工人们工作时用的却是他们的肺部——但肺的功能是呼吸，它是人类的呼吸器官，并不是用来工作的，所以，吹玻璃工人这种用肺部进行的工作是非常辛苦的。

吹玻璃泡可不是一件简单的事，如果一名年轻力壮的工人第一次来到玻璃工厂，让他用吹管吹起一个玻璃泡来，那么他是无论如何也吹不出来的。虽然需要强大的力气才能排除玻璃泡内部的阻力，把它吹成玻璃泡，但做这项工作更需要的是熟练的技巧。

如果要吹出一个有着细长颈子与平圆底部的玻璃泡，也就是我们平时经常见到的瓶子，就更难了。

以香槟酒瓶为例，只有那些经验非常丰富的玻璃技师才能吹出香槟酒瓶来。

如果香槟酒盛在普通的酒瓶里，酒瓶会破碎的。这是因为起泡的香槟酒中有很多气体，它的瓶壁会遭受到 20 ～ 25 个大气压的压力，这个压力几乎等于蒸汽机火车头锅炉里的压力。

盛香槟酒的瓶子的瓶壁的厚度要完全相同，瓶底要非常坚固，更重要的是瓶底和瓶壁结合的地方，一般的瓶子都是在这个地方非常容易破裂。

吹瓶技师中有很多优秀的艺术家和魔术家。比如说，下面这个“魔术”就是他们曾经做过的：

一只玻璃小公鸡装在一个普通的水瓶里，瓶子只比这只小公鸡高出一点点，而且这只小公鸡还在瓶子里摇晃着。瓶颈非常狭窄，技师是如何把这只小公鸡装进去的呢？

技师们还会在瓶子里吹出一只小帆船。

他们还有一套更加令人惊奇的“魔术”：一个容量为一升的大瓶子里，有一个容量为半升的瓶子，这个容量为半升的瓶子里还有一个容量为 0.25 升的瓶子。这太不可思议了，三个瓶子套在一起了，这是如何制造出来的呢？

原来，玻璃技师先把最小的瓶子吹出来，再吹容量为半升的瓶子，当这个玻璃泡被吹得出现了瓶的形状时，就用剪刀剪开瓶底，这时的热态玻璃完全可以用剪刀像剪纸一样剪开，把它折向一边，立刻把做好的小瓶子放进去，再迅速把瓶底放回原来位置，再把这个还没有完全成形的瓶子的玻璃泡重新放回火上加热，这样一来，瓶底与瓶壁间的裂缝就会重新粘连在一起，而且像最初时一样光滑。

用同样的方法，再把这个容量为半升的瓶子装进更大容量的一升的瓶子里。

帆船则是先折叠起来，把它从瓶颈里装进去，装好以后再用小钩子和线把桅杆挑起来。当然了，这项工作需要玻璃技师极大的耐心和高超的手艺才能完成。

当时的吹玻璃工人会用这样自误自乐的方法在繁重单调的工作中找到一点乐趣。

1. 法国玻璃瓶制造。用煤作为玻璃制造工艺的燃料，把玻璃收入坩埚的过程。

2. 玻璃瓶制造。乳光玻璃板是一种用非常光滑的金属制成的平板，可以让玻璃团在上面翻滚，它可以控制玻璃团的温度并使它定型。图中为在乳光玻璃板上冷却并使用铁管子旋转玻璃团的过程。

3. 玻璃瓶制造。把玻璃团粘在铁棒上，用力对着管子吹气，把玻璃团吹成蛋形。

4. 玻璃瓶制造。在乳光玻璃板上吹玻璃团，接着把它放到模子里继续吹制。

5. 玻璃瓶制造。在乳光玻璃板上辊滚瓶身，用一根长杆挑起瓶身。

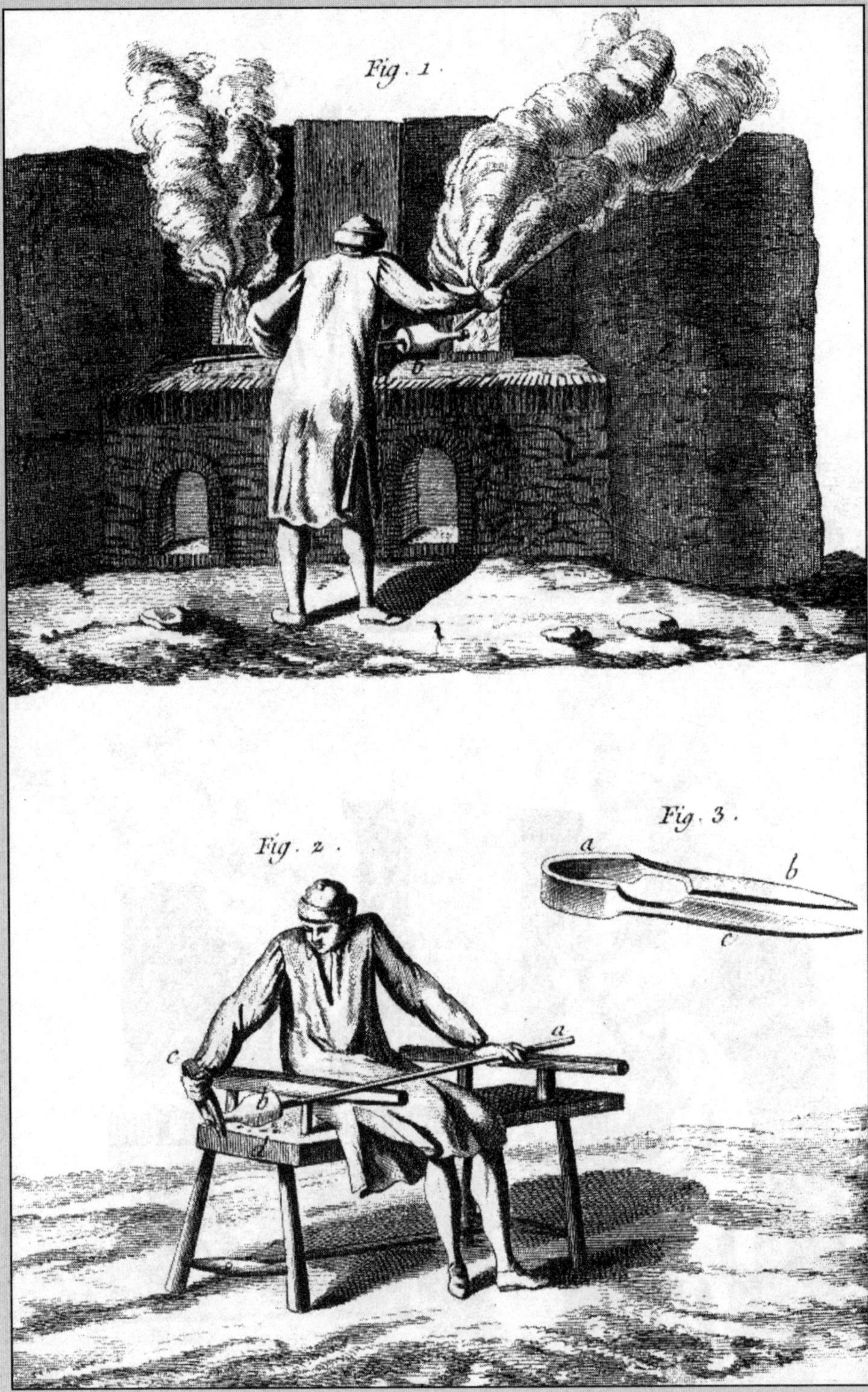

6. 玻璃瓶制造。用一根长杆加工瓶颈，最后剪去多余的部分。

7. 玻璃瓶制造。玻璃瓶退火后制作完成。最后将长杆上的废料清理干净。

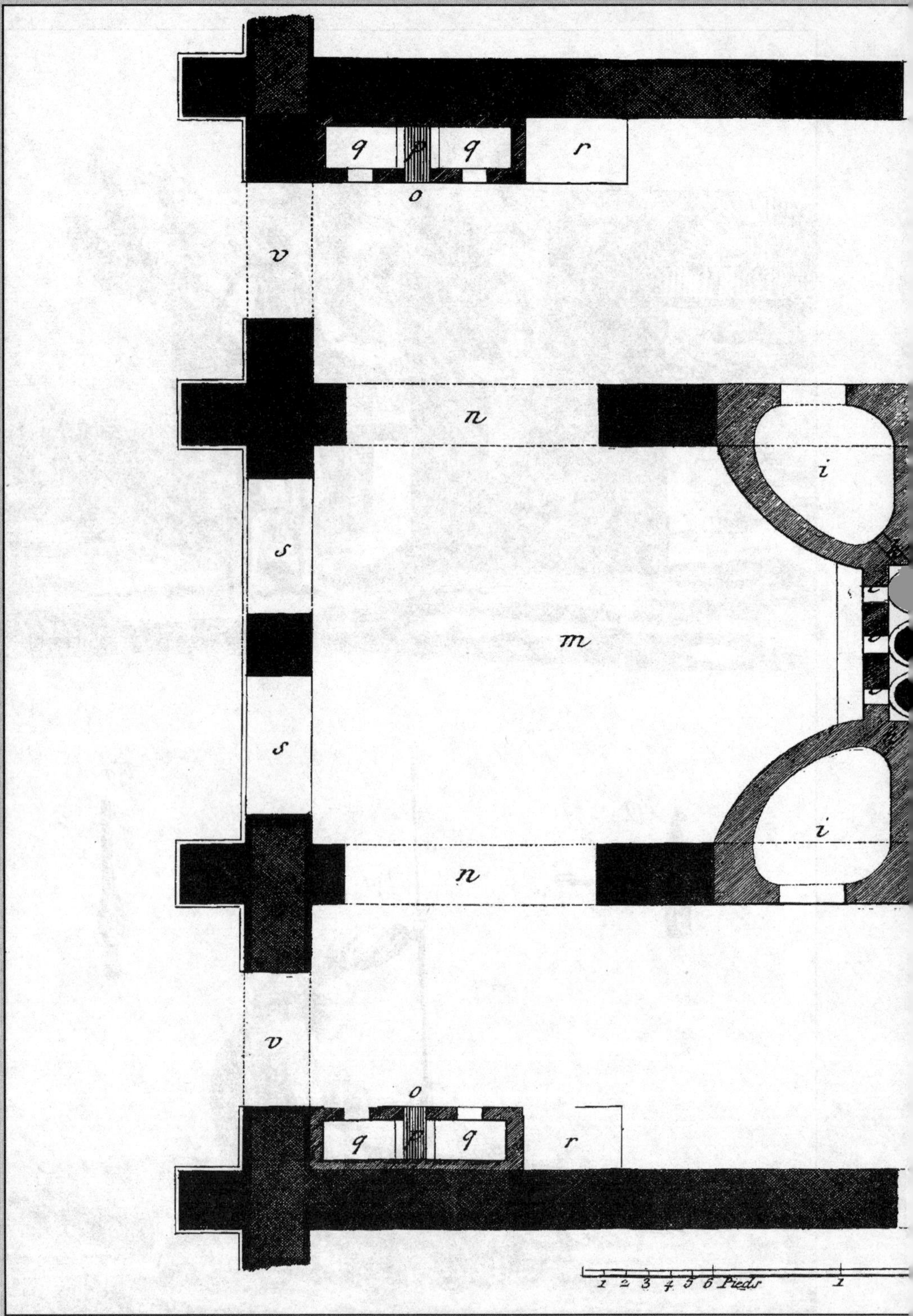

8．玻璃瓶制造。图中为巴黎附近赛弗的皇家玻璃工厂平面图，用煤作为燃料，里面有 4 个车间。

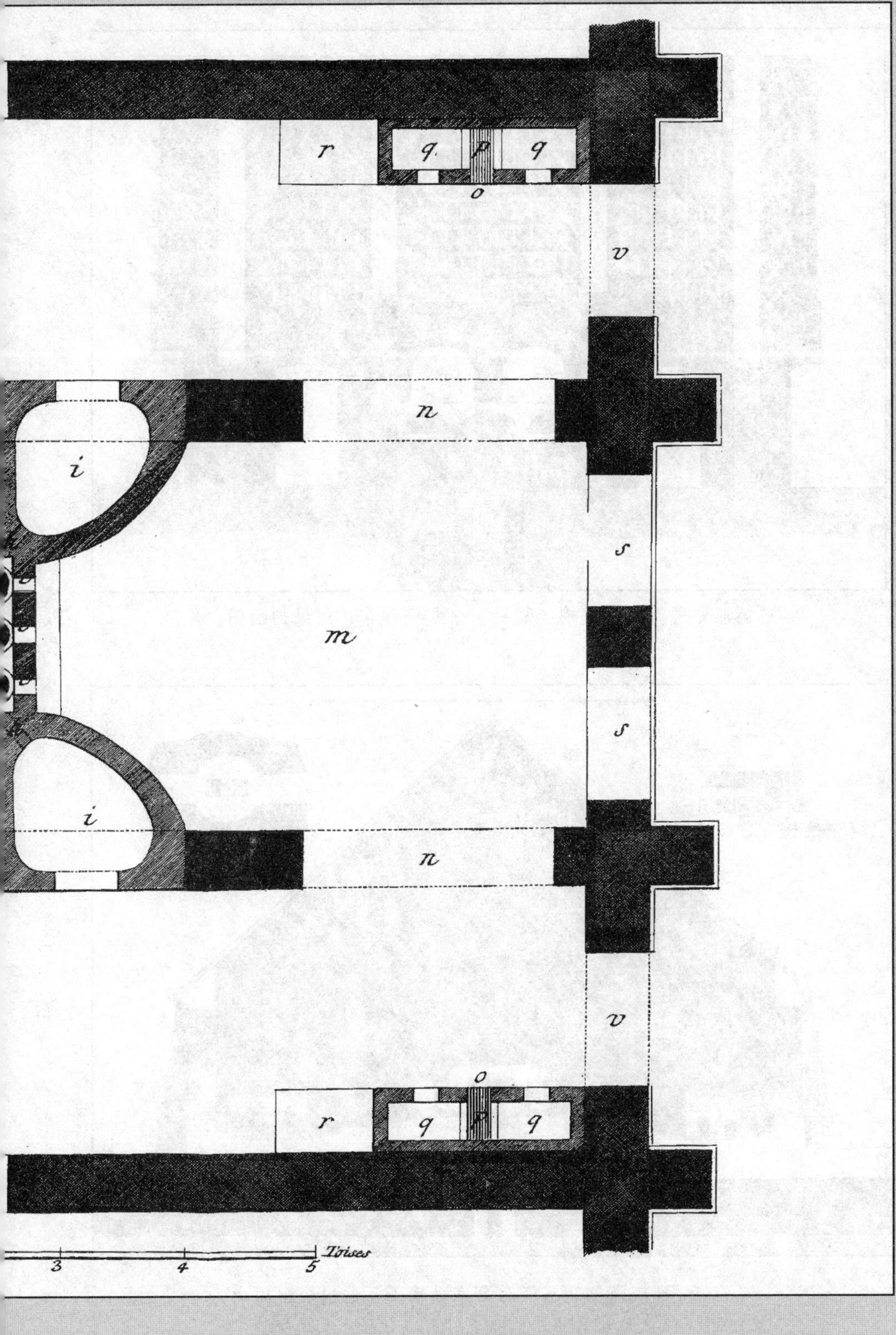
r
q
p
q
o
v
n
i
m
s
s
i
n
v
o
r
q
p
q
Toises
3
4
5

9. 玻璃瓶制造。皇家玻璃工厂的一个车间和熔炉的纵剖面图。

10. 玻璃瓶制造。图为皇家玻璃工厂的一个车间横截面图，包括地窖和退火熔炉。

4.2 罗宾涅发明了泵筒

如果对于一个身体健康的人来说，吹玻璃的工作是一份沉重的工作的话，那么对于罗宾涅来说，这个工作就显得更加沉重了。他是在法国一家著名的巴克水晶工厂里工作，他的肺功能很弱，经常喘。他每天需要吹出1000多个瓶子，这令他痛苦万分。但他为了养活一大家人，又不得不做这个工作。

于是罗宾涅经常思考有没有什么东西可以代替人类的肺部来吹瓶子，这样可以减轻自己的繁重劳动。但工人们却都认为他这种想法根本就是白日做梦。他对此不以为然，在连续工作10小时之后，他经常不休息，并利用这些时间着手制作一个什么东西。

1828年，他已经制作这个东西两年了，终于，他的这个器械研制成功了。这是一个非常特别的泵筒，像自行车打气用的那种普通的泵筒，是无法用来吹玻璃瓶的，因为它的力量太小了，要分几次打进空气，花费的时间也很长。时间一长，玻璃泡就凝固了。另外，工人要用两只手来操作这种泵筒，但玻璃工人的两只手都要握着吹管的。

罗宾涅研制成功的泵筒是用脚踏动的。一幅踏板下面有一个强力的弹簧。你用脚把踏板踏下去时，泵筒的活塞下行，空气进入泵筒里；你放松脚时，泵筒里的空气就射出来了，这些空气就会进入吹管，吹起玻璃泡。

当然了，要费很大的力气才能踩动装有这样强力弹簧的踏板，过不了多久，腿部就会感到非常累，但这个装置至少把工人们的肺解放出来了。

但罗宾涅的泵筒吹出的瓶子还不能像人用肺吹出的瓶子那么好，所以，很少有人用这种泵筒。虽然罗宾涅仍是个穷人，但他已经非常满足了，因为他研制成功的这种泵筒已经减轻了很多玻璃工人工作中的痛苦。

4.3 欧文斯记忆深刻的童年

1859 年，英国有一位姓欧文斯的矿工，他的家里生下了一个名叫迈克尔的孩子。家人并不欢迎他的到来，因为家里的生活就是由于人口太多才特别困难了。父亲的收入非常少，家里晚上经常没有晚饭吃，这时父亲只好用一些孩子们感兴趣的新奇玩意儿哄骗和安慰他们。他非常善于制造这种新奇的小东西，在这方面，他绝对是个能干的专家。举个例子吧，他会用一段铁丝、一些木片和破布做出一只像真的青蛙一样在房间里蹦蹦跳跳的假青蛙。

小火车头、小轮船、小磨坊等活动玩具，他都会用适当的废料做出来。而且，他做出来的玩具都是会跑动、回转和工作的。他为了帮妻子研磨咖啡，特意做了一部风力发动机。但遗憾的是，他们太穷了，经常没有咖啡可以供这部风力发动机来研磨，有时候甚至一块面包都没有。

现在你知道了，为什么家人在迈克尔 9 岁的时候没有送他去上学，而是让他来到潮湿阴暗的煤矿里工作了吧。他小小年纪就开始在这深深的地下帮助他父亲工作了。这个小挖煤工人，连续几小时地拉着一车沉重的煤块在潮湿阴暗的煤坑里艰难地爬行着。

有一天，这个孩子幸运地换了一个新的工作，他来到一家玻璃工厂当火夫助手。火夫的工作非常艰辛，小迈克尔刚刚能够勉强地应付。为了维持好二号炉中的火力，他每天都要翻搅熔炉里的煤块和敲碎烧过的煤块外壳。当然了，工厂经理根本不会关心这个孩子是否会被炽红的煤块灼伤、被炉中煤烟熏得喘不过气来。

幸运的是，迈克尔的身体非常结实，他在这样的环境下工作了 2 年，12 岁的时候，他成为了一名玻璃工人。他的工作就是把吹管的一端蘸好玻璃泡，旋转起吹管，准备好玻璃泡，把它交给吹玻璃的技师吹。

3 年之后，迈克尔凭借着异常坚毅和忍耐的性格成为了一名正式的吹玻璃工人。后来的 14 年中，他一直在这个岗位上工作，当他刚刚 30 岁时，他已经是一名优秀的玻璃技师了。最后，他凭借着丰富的工作经验，成为美国一家玻璃工厂的厂长。

迈克尔·欧文斯的父亲对机械学的热爱传承给了他的这个儿子，迈克尔在那家美国厂子工作时，想出了很多改革和发明。

工人们对他的各种实验已经非常熟悉了，但有一次，他的一个实验使这些工人们感到非常惊奇。在一个夏天里，迈克尔着手做一件看似毫无意义的工作：他用一具可笑的小泵筒从一罐炽热的玻璃液中抽取出来一点玻璃液，抽出来以后，他立刻推动活塞，把玻璃液溅到地板上。这样持续了几天，他每天都会把抽出来的玻璃液溅到地板上去。

这样的事情完全像是小孩子玩的游戏，而迈克尔这时已是玻璃工厂厂长了，怎么会做这样的事呢？

原来迈克尔想要创造一部自动制瓶机，就是一种可以自动吸取玻璃液又自动吹出瓶子来的机器，完全不需要人的帮忙。

那么，这样大胆的想法，迈克尔是从什么时候开始产生的呢？应该就是在

早期工人吹制玻璃

他15岁的时候，因为他就是从那时开始做吹制瓶子的工作的，实际操作让他知道了这项工作的繁重和艰苦。

在后来的工作中，他的这个想法也渐渐成熟起来，这需要坚定的意志，才能把这件事情的一切细节想通想透，才能坚持把事情贯彻下去。因为当时的人们根本不相信会有这样的机器。迈克尔在老年的经验丰富的玻璃工人和白发苍苍的玻璃制造工程师那里得到的答案都是相同的，那就是："玻璃是不可能服从机器的！"

这句话看上去的确没错。

的确，把一团要用来造出瓶子的玻璃团放进机器里，会出现什么样的情况呢？这团玻璃会立刻凝固，这些玻璃液最多只能保持一分钟不变，每一秒钟，玻璃液的温度、稠度、硬度和颜色都在发生着改变。那么，如何掌握玻璃在液体与固体之间的极短的几秒钟时间呢？因为，机器必须在这短短几秒钟内造出瓶子的形状！

迈克尔·欧文斯发明的泵筒

“玻璃是不可能服从机器的！”

这句“格言”，迈克尔始终无法相信，他看到，社会上的其他行业都已经用机器工作了：不再是帆船在海上行驶，而是轮船在海上乘风破浪地疾驶着；火车代替了邮件马车；人们在修建着摩天大厦、发电厂，开凿横贯大陆的运河；人们制造出了潜水艇，还在尝试着研制飞机……而只有玻璃工人还在使用手工劳动。

迈克尔·约瑟夫·欧文斯（Michael Joseph Owens，1859～1923年），生前发明了玻璃制造机。他生于美国弗吉尼亚州，10岁来到玻璃工厂做学徒。1888年，来到爱德华·德拉蒙德·利比的托莱多玻璃工厂工作，几年后被升为领班、管理员。1903年，成立了欧文斯自动制瓶机公司。他研制出来的制瓶机每分钟可以生产240个瓶子，削减人工成本80%。1919年，他与利比结成了合作伙伴，公司改名为欧文斯制瓶厂。1929年，欧文斯制瓶厂与伊利诺伊玻璃公司合并，成为现在的欧文斯－伊利诺伊玻璃公司（Owens–Illinois Glass Company）。

恐怕没有与社会一同进步的就只有玻璃业这一行了。

玻璃厂中所用的吹制玻璃瓶子的方法，与2000年前古罗马所使用的方法几乎没有任何区别，这真是一种耻辱。

迈克尔想像中的机器，应该是由几部用压缩空气来推动的泵筒组组合而成的机器。

这部机器先要吸入一滴熔化的玻璃液，立刻把它喷到一个金属制的模子里，接着立即往里面吹入空气，在很短的时间内完成吹制的过程。

当然了，迈克尔并没有把问题想得这么简单，也没有认为用这样简单的方法就能制成高品质的瓶子。其实这个吹起来的玻璃泡只是“瓶子的雏形”而已，它和瓶子非常相似，就像一个小孩和成年人一样的相似，它只是个头很小，只相当于标准个头的一半；也没有明确的外形，它应该是一个拉长了的玻璃柱。但这些都不重要，重要的是——机器使滚热的玻璃泡改变了自身的形状了；机器并没有放过玻璃泡那仅可以被利用的一瞬间。

以后模子自动打开，这些滚热的“瓶子的雏形”立刻进入另一个更大的金属模子里。泵筒继续吹。这个雏形还没有凝固变硬，所以它会在压缩空气的作用下继续膨胀，在新的模子里成为一只真正的瓶子。

这就是迈克尔理想中的那个机器。但说起来容易做起来难，比如说，首先要制造出一个使炽热的玻璃不致直接触及金属模子壁的装置。

如果没有这个装置，瓶子就无法从机器上取下来，它将会和机器像苍蝇粘在黏纸上一样粘得结结实实的。

但这只是其中一个困难，还有很多这样的困难。

经过不断努力，迈克尔终于克服了所有的困难。

1905 年，迈克尔研制出了第一部自动制瓶机，机器开动了，并且工作得非常顺利。现在只差把把这种机器普及到所有制瓶工厂里去了。

一个从十几岁就开始吹玻璃的孩子，长大之后，时刻谨记着那些嘴中衔着吹管、站在炽热的熔炉旁边工作的工人们痛苦的工作情形。通过他的努力，工人们很快就不再需要在那样的环境下工作了。人不用再去吹制瓶子，而是机器去吹制了。

迈克尔沉浸在他的美好想像中，但事实却出乎他的意料。

1908 年，欧洲各玻璃制造业的厂商联合收买了迈克尔·约瑟夫·欧文斯发明的这个机器的专利权。联合会一共支付了 1200 万金马克，这个数目可不小。但厂商联合会收买这个专利权可不是为了大规模地制造这种机器，相反，他们根本不想制造这种机器。他们收买这个专利权完全是为了不想让人们使用这种

欧文斯自动制瓶机工作原理

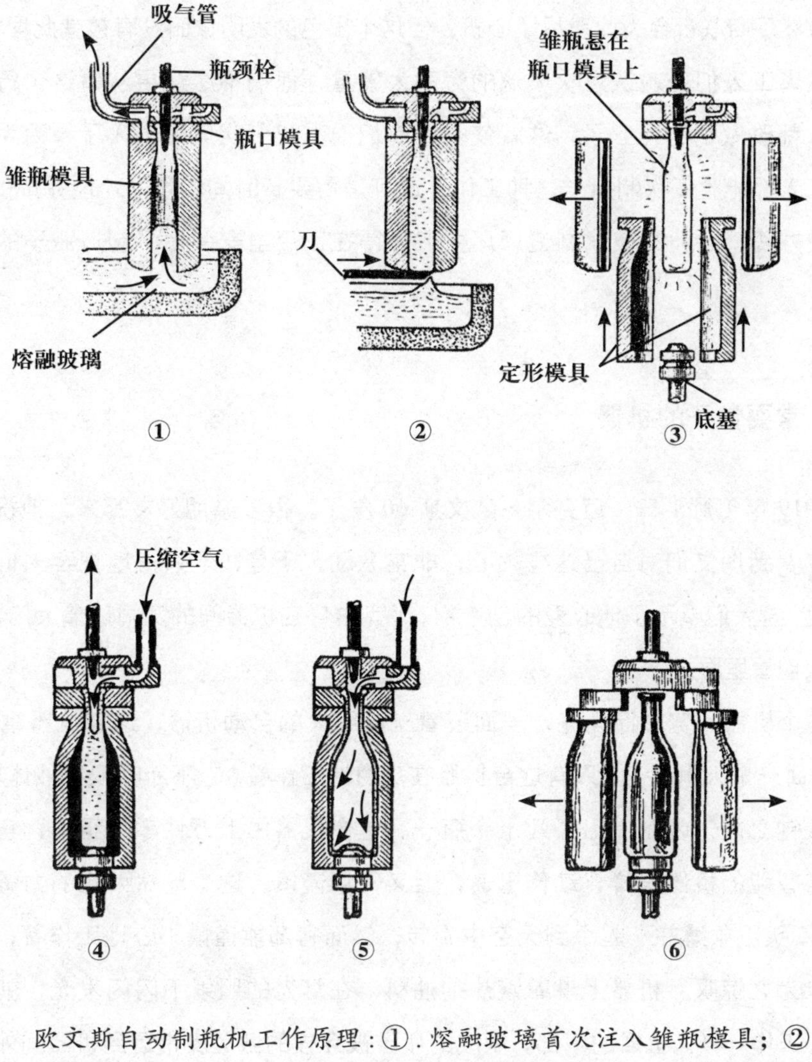

欧文斯自动制瓶机工作原理：①．熔融玻璃首次注入雏瓶模具；②．把多余的玻璃用刀切去；③．移开雏瓶模具，更换模具；④．把玻璃瓶半成品放进定形模具中；⑤．用压缩空气把它吹成半成品；⑥．吹制完成。

机器，想让瓶子的制造仍然维持原样，由玻璃工人来吹制。

为什么呢？这个原因非常简单，因为如果由玻璃工人吹制的话，瓶子产量就会非常少，会造成玻璃制品的供不应求，这样就可以抬高玻璃制品的价格了，这个结果对于联合会来说再划算不过了。

虽然厂商联合会为此费尽了心机，但这个出色的发明依旧没有被就此埋葬掉。

玻璃工人们普遍认为吹玻璃的劳动太繁重，他们不愿意再从事这个行业，很多人都改做别的行业了。这就使得厂商们很难找到吹玻璃工人了，因为并非每个工人都能胜任吹制瓶子这种工作，这可是需要长时间的学习才能完成的。

没办法，欧洲的玻璃制造厂厂主们只得在工厂里安装上了制造瓶子的自动机器。

4.4 常耍性子的机器

1919 年 1 月 1 日，迈克尔 · 欧文斯 60 岁了。很多亲朋好友都来为他祝寿，迈克尔看到朋友们对自己这样关心，非常激动，于是，他兴奋地把客人们引到工厂里，向人们展示了他心爱的创造物。迈克尔停在机器间的宽阔玻璃大门面前，请客人们看里面。

这个机器间宽敞而光亮，里面装着一部巨大的自动机器，这部机器重达 20 吨。里面一个人也没有，只有这台机器在卖力地工作着。它不断吸取着液体玻璃，在几秒钟之内，就制造出了几十个瓶子。这个机器由上万件零件组成，它就像是人工智能的机器一样，动作迅速，但又仔细谨慎。这个庞然大物的力量甚至能把 15 头巨象缚在一起举到天空中旋转，然而它却能谨慎小心地工作着，不得不令人为之惊叹。机器上淋着滚热的油料，在灯光的照射下闪闪发光，就像在流着汗工作一样。机器的下部，制成的瓶子被穿梭的搬运皮带运到机器间外面。整部机器工作起来安静而不慌乱，就像一只标准的时钟。

欧文斯在查看他发明的自动制瓶机

这部机器可以轻松地吹制出容量为1.5毫升的小玻璃瓶，也能轻松地吹制出容量为190升的大玻璃缸。

迈克尔向人们展示了他心爱的机器。这部大机器具有15只“手”。它曾以每分钟40多个，每小时2500个的速度制造过啤酒瓶。这样的速度等于手工玻璃工厂整个厂的实力了。迈克尔说，可以把这部复杂的机器用小提琴作个比喻。听上去，要把一部由笨重的金属制成的巨大机器和小巧玲珑的乐器放在一起来谈论实在是非常古怪。但是这个比喻非常恰当，因为需要多年的辛苦研究才能了解这部敏感而神经质的机器的心灵。

首先，这部机器有很多必需的条件。气候上的变化、轻微的凉风、玻璃温度上细微的变化、不是用同一种牌子的油料等几十个原因，都有可能影响到它的正常工作。迈克尔和他的助手们每天都要仔细研究机器的脾气，解决它的问题，想方设法抚慰它的冲动与激愤。难怪迈克尔说它就像一把小提琴！如果你没有把小提琴的琴弦校好，它就只会弹奏出怪调子，这和这部机器一样，出现任何一点小问题，它都有可能制造出歪斜、塌凹、形状古怪的瓶子来……

迈克尔研制出的这部出色的机器，在短短几年内就使得玻璃业产生超过了过去5000年的巨大变化。

1923年12月27日，伟大的发明家迈克尔·约瑟夫·欧文斯逝世了。就在他逝世前几天，他还亲自动手试验了他的重达80吨的新机器模型。

迈克尔在发明家中是幸运的，因为他亲眼看到了他发明的自动机器在全世界取得的成功。

4.5 保存真空的瓶子

这部制造玻璃的机器能生产出无数的普通瓶子。但是那些单调的保存啤酒、葡萄酒或牛奶的瓶子已经无法满足人类的需求了。现在，人类需要一种可以保存真空的瓶子。这就是用来做电灯泡用的玻璃瓶子，这种瓶子的内部都是抽真空的。

现在，电灯炮已经无处不在了：屋子里、剧场里、电影院里、农民家里，甚至他们的畜舍里都有电灯炮。

每一个灯泡的燃用时间约为 1000 小时，超过这个时间以后，灯丝就会烧断，这个灯泡就报废了。

一年的时间内，即使在一所不大的住房里最少也要更换十几个灯泡。而这样的住房一个城市中有多少？而这样的城市世界上又有多少呢？所以，人们对灯泡的需求量非常大，一年中要用几千万、几亿只电灯泡。也就是说，要首先制出那样多的抽真空的小“瓶子”。而制造这种小瓶子可比制造普通的瓶子要复杂得多了。

1879 年爱迪生发明了电灯。

电灯泡必须是透明的，不然，电灯光就不足够亮，要用特别纯净的玻璃来吹制电灯泡。灯泡壁要非常薄，所以，不可能在普通制造玻璃物品的机器上制造出电灯泡，也就是说要用玻璃工人来吹制这种电灯泡了，那么，去哪里找那么多吹玻璃工人来吹出这亿万只电灯泡呢？

发明家为人们解决了这一难题。

1928年，第一部制造电灯泡的机器研制成功。这部机器用的是把从熔炉的狭缝里拖出来的玻璃带吹制成灯泡的方法。

每秒钟，这部复杂的自动机器可以生产出12只灯泡来，也就是说，一整夜的时间，它就可以生产100多万只电灯泡！

这部机器相当于200名吹玻璃工人的工作能力……

玻璃行业的发明家们的顽强创造取得了丰厚的回报。

5000多年来，人类用自己的双手和肺部的力气把热哄哄的玻璃团费力地做成所需要的形状。在当时看来，好像这种倔强的材料会永远奴役着人类了，但仅仅50年的时间，机器就把人类从这种繁重的工作中解放了出来。

在现今时代，想要找到用人工吹成的瓶子实在太难了。

第 5 章
玻璃窗户

5.1 没有玻璃的建筑物

800 多年前，法国贵族盎格朗三世（Engaerrand III,1182 ～ 1242）在今天法国埃纳省的地方建造了一座城堡——库西城堡，这座城堡非常雄伟，是由当时一些最优秀的建筑师设计建筑的。

城堡的前面有一道很深的壕沟，沟上架着木桥，这架木桥可以起落；石头城墙建筑得非常高，可以经得住当时最强力的“攻城机”的攻击。

城堡的一座巨大圆塔里有大厅、房间和库房，都装饰着圆柱与塑像。这座城堡是一座堡垒，也是宫殿。

但这座宫殿的所有窗户上都没有装玻璃。所有的窗户都是开在墙上的小洞，在这些小洞上安装着能关闭的木窗户。即使是在阳光明媚的夏天，打开所有的木窗户，那些大厅和房间里仍旧显得非常昏暗。

冬天时，则关闭所有的木窗户，房间里更是漆黑一片。为了使房间不至于太黑或太冷，要从早到晚的在大壁炉里生着火。即使是这样，住在城堡里的人们仍然感到非常寒冷，寒冷的风仍然会通过木窗户的缝隙，钻到房间里。

为了抵御严寒，贵族们在冬天的时候都会裹在厚厚的鸭绒被里睡觉。

这太奇怪了，4000 多年前，人类就发明了玻璃，而且这座城堡里也有很多威尼斯技师们制造的、各种精美的花瓶和杯子藏品。但只有窗户上没有装玻璃！

那么到底是为什么呢？要知道玻璃发明以后，很长的一段时间内，人们还用了很长的时间把它研制成透明的。不透明的玻璃无法做窗玻璃。所以人们都在想要把什么东西安装在房屋的墙洞里才能使屋子温暖又明亮。

譬如说，古时候有人会用极薄的牛角片安装在房屋的窗子上。在欧洲，很多人都使用云母片、油纸或涂蜡的白布装在窗户上；俄国则把牛膀胱的薄膜安在窗子上。

所有的方法都可以或多或少地抵挡寒冷的侵袭，但能透过的光线去非常少。所以这种房屋里永远都是非常昏暗的。

希腊人和罗马人等南方国家的居民，他们的住宅是没有窗户的。他们的房间一面的墙壁被改成了一排圆柱，太阳光可以直接照射到房间里来。

14 世纪时，一位名叫戈克莱的法国技师才发明出适合安装在窗户上的玻璃，这种玻璃在我们现代人看来，是非常可怕的玻璃。

戈克莱用玻璃制成了一些中间有一个凸起圆心的小圆片。

装窗户时，把这些小圆片用一个锡网联到一起。

房间里安装上这种玻璃窗户后，每个窗子都有金属制的栅栏，所以看上去整个房间非常像一座监狱。这种由圆片组成的玻璃厚薄并不均匀，很难透过这种玻璃来看看外面的景象。譬如说吧，透过这种玻璃看到外面马路上有一头牲畜在走，却无法辨别这头牲畜究竟是马还是驴。

虽然如此，人们还是非常珍惜这种玻璃，对它的估价非常高，并对它非常爱护。

1567 年，英国有一位名叫诺土伯连的公爵，他非常富有，他的管家曾经给

1220年，法国的库西领主盎格朗三世修建了这个库西城堡。盎格朗三世作为这个城堡的主人感到无比的自豪，于是留下了这样的名言：“我不是国王，也不是王子，我是库西之主！（Je suis ni roi,ni prince aussi.Je suis le seigneur de Coucy）”。第一次世界大战期间，这座城堡被毁，现今只留下遗迹。

仆人们下过这样一道命令：

“狂风大作的天气中，公爵大人城堡里的玻璃经常会被吹落打碎，所以大人离开家以后要把玻璃从窗户上卸下来，放到库房里保存起来。大人到来的时候，再把它们小心地安装上去，不然这些玻璃的价格这么昂贵，修理起来太难了。”

玻璃窗制造工厂

由此可见，这种由各种小圆片凑集起来的玻璃的价值真的非常高，而且它们的形状也不美观。由于城堡的窗户都非常狭小，所以这种玻璃在那样的窗户上还能派上用场，却并不适合安装在教堂的大窗子上。

当时，教堂是所有建筑物中最美丽、最豪华的。

所以为了教堂的美观，一定要想办法制造出一种非常漂亮的新式玻璃才行。

5.2 彩色玻璃

法国的巴黎圣母院世界闻名，这座教堂中有很多像是笔直地插入云霄的高高的尖塔。它是由方形石块建造成的，但看上去就像是穿了一件石质的外衣一样轻飘飘的。

巴黎圣母院侧视图

《阿尔诺芬尼夫妇像》

《阿尔诺芬尼夫妇像》

杨·凡·艾克（Jan van Eyck，1395年～1441年），生于荷兰马斯特里赫特附近的马塞克城，是早期尼德兰画派最伟大的画家之一，是15世纪北欧后哥特式绘画的创始人、尼德兰文艺复兴美术的奠基人、油画形成时期的关键性人物之一。1425年任菲力蒲·卢·蓬公爵的宫廷画师，还曾任使节，出使过葡萄牙等国家。他把神圣的内容用写实的精细描写和微妙的光影表现拉入了现实世界。他着力描绘现实人生的丰富。在前人经验的基础上，他与兄长胡·凡·爱克对油画颜料作了改进，并把中世纪遗留下来的细密画形成转换成了富有时代特征的新型油画。被誉为“油画之父”。

《阿尔诺芬尼夫妇像》（1434年作）说明：这幅画是新型油画深入表现的最早尝试，同时也是后来发展起来的风俗画和室内画最早的先例。

阿尔诺芬尼是当时非常著名的卢卡商人和银行家，同时还是意大利美第奇家庭在布鲁日的代理人。这幅画用写实和象征的手法表现出阿尔诺芬尼和妻子的情深意笃：他的左手温柔地托着妻子的右手，右手作祈祷的姿势，就像在感谢上帝赐予了他如此美好的爱情一样；妻子的左手轻抚着隆起的肚子，头微微低着，像是在默默发誓要做一个贤妻良母一样。妻子头上的白色头巾象征着纯洁；身上穿着的绿色长袍和隆起的肚子像征着旺盛的生命力和即将迎来下一代的喜悦与责任；地上的小狗象征着忠诚；拖鞋和背景上的床铺象征着世俗生活；屋顶的吊灯像征着上帝之光永远照耀着世人……

这幅图让我们看到了15世纪时玻璃在民间的应用情况。注意看画面左侧上角的窗户，它的内侧是木制折叠百叶窗，外窗上装着玻璃，中间是透明的凸透玻璃，旁边装有漂亮的彩色玻璃。从这幅图中还能看出画家画出了凸透镜对光线的折射效果，这说明画家对光学知识有一定的了解。

画中的两个主人公后面的墙上挂着的那面凸面镜尤其值得注意。画家在这个地方玩了一个简单而精彩的物理学小把戏，他利用凸面镜将整个房间的景物都反射了出来。在这面凸面小圆镜中能够看到新婚夫妇的背影，还能看到站在他们对面的画家本人。这个小镜子成了整幅画的中心，使画面的空间更加丰富多彩，也给这幅画增添了浓重的神秘气氛。

如果你仔细审视一番这座教堂所有的塑像、小塔、矢形窗户等，就会发现，这个建筑物的年龄已经有将近 200 岁了。这个时间不算很长，米兰的教堂的年龄就有 500 多岁了，克林的教堂有 700 多岁了。

巴黎圣母院的外观非常美丽，不仅如此，它内部的高高的大厅中有非常精致的柱、拱门和圆屋顶，随处可见塑像、浮雕和光泽的石头，称得上是富丽堂皇了。

一股光线像瀑布一样从教堂上面的某处射了下来。这并非一般的日光，而是一些黄色、蓝色、紫色、红色的光流，这种光流让来到这个教堂的人感到一种神秘和可怕的氛围。

这些奇特的光流是如何出现的呢？

原来教堂的窗子上安装了有颜色的玻璃，太阳光透过这些各种颜色的玻璃射进来后，就成了神秘的彩色光流了。

这就是前面提到的让人害怕的“监狱”窗户，只不过这个教堂里的光流是五彩颜色的，所以看上去非常漂亮。

这种彩色玻璃的艺术非常古老。1500 年前的玻璃技师们就会制造平的颜色玻璃片了。

最初是把红的、蓝的、黄的等各种颜色的小玻璃片毫无次序地夹杂排列着的，所以它们的颜色很杂乱，也不美观。

于是，人们就想方设法地把各种颜色的小玻璃片拼成图案，这样一来，窗子就会出现五颜六色的花纹了。譬如说，用淡黄色和红色玻璃片在窗子的中央排成图案，用深蓝色和紫色小玻璃片沿着窗子的四边排成框子等。玻璃技师们从没停止过他们的研究改进，他们正一点一点从这种简单的玻璃毯子向玻璃图画行进。

后来，窗户上就有了整幅的图画，画上“绘”有山脉、湖沼、森林、草地或者人兽花草等。

这种“窗户图画”不同于普通的图画：它是透明的，可以使太阳光透露进来。这些窗户图画在半明半暗的教堂里像是挂在空中一样，它的光仿佛是从内部发出来的。这就为它增添了一种特殊、神秘的魅力……

装饰教堂和庙宇可以用这种彩色玻璃窗，但它却不适用于一般住宅，因为它们只能透过很少的光线。

这种由很多碎片拼凑起来的彩色玻璃是不可能比普通的窗玻璃更加明亮的。

窗玻璃是无色透明的，太阳光就能完全透射进来，这就使得整个屋子非常光亮。它应该是一整张的大玻璃板，而不应该像彩色玻璃一样是由小块玻璃拼凑起来的。

这正是摆在玻璃技师们面前的难题。

5.3 吹制玻璃圆筒的玻璃技师

可以吹出平的玻璃板吗？当然不可能，因为玻璃液吹出来后是一个玻璃泡，而不是平板，但人们却能剖开这个玻璃泡，让它成为一块平板。

这就是窗玻璃制造的开端。

吹玻璃泡时，不要把这个泡泡吹成滚圆的圆形，而要努力把它吹成很大的长圆的筒形，再顺着它的长度割裂展开这个玻璃泡，就能得到一张相当大的玻璃板了。

但要制造有厚薄均匀的筒壁的玻璃筒就非常困难了。吹的时候，要尽量把玻璃泡吹成圆筒形，而不是球形的泡。

下面就是吹制玻璃圆筒的技师的工作情形。

一座高高的木板桥上站着一个半裸的人，他手拿着一根长铁管，一个赤紫色的发亮的圆球粘在铁管的一端。

这个球在运动着，一边运动一边改变着它的形状。这个人把铁管的另一端放到嘴里，一边甩着管子，使它在桥板下的深沟里摇来摇去，一边用力向管子里吹气，他的两腮由于用力吹气而鼓胀起来，像是脸上长了两个大瘤一样。铁管上下甩动几十次后，圆球的颜色变得越来越淡，原本鲜艳的色彩变成了暗紫色。现在它已经成了一个像人一样高的长长的发亮的圆筒了。

玻璃技师们吹制玻璃圆筒时为了防止被沉重的负担拖到下面的深沟里，一直跌进玻璃液里去，必须事先把自己紧紧绑在桥的柱子上。

终于，技师吹出了一个玻璃圆筒。他至少从肺部往这个圆筒里吹出了一立方米的空气。他沉重地喘着粗气，一口气喝了很多凉水，就像长时间奔腾之后的马匹一样。

玻璃技师们自己都不知道为什么用力摇甩吹管，玻璃泡就会变得很长，它的壁也会非常匀称。

玻璃技师只能凭直觉知道吹这个圆筒要用多大力气和多长时间。这来源于他们多年的工作经验，他们的肌肉和肺部就像一台准确的自动机一样机械地做着他们所习惯的动作。

在将近下班之前经常出现吹制玻璃圆筒失败的情况。因为吹了一天的技师们的肌肉早就非常疲累了，就无法准确地知道应该使用多大的力量了。造成玻璃圆筒吹不成功的原因有很多种，吹管的倾斜度不正确、吹入的空气不足、摇甩的幅度不够等原因都会造成这样的情况。

技师为此非常苦恼，他原本要吹一个正圆筒形的玻璃泡，却把它吹成了梨子形状！

技师把沉重的吹管扔在一旁，苦恼地离开了工厂。

他接连几天不去上工，每天躲在家里喝酒。

而厂主人就这样耐心地等着他来上班：因为即使是非常有经验的吹玻璃工人也未必可以做好吹玻璃圆筒的工作。

并不是每个玻璃技师都掌握可以产生有厚薄极匀称玻壁的发亮圆筒的秘密。

要做好这项工作，首先需要极大的耐性、强壮的体力、极大的肺活量。另外，由于玻璃根本就是喜怒无常的、没有定性的东西，它们每分每秒钟内每一滴的性质都发生着改变，所以还需要玻璃技师有一个艺术家的感觉，才能和这样的玻璃相周旋。

由此可见，吹制玻璃圆筒是一个非常困难而繁重的工作。

玻璃技师通常都会患上肺气肿症，他们的肺部扩张成一个大口袋，不可能再恢复原状。他们经常会感到呼吸困难，急喘，心肌扩大，并且衰老得很快。

1. 木炭燃料加热玻璃制造——冕玻璃和平板玻璃的制造。上为平板玻璃制造厂；下为平板玻璃与其外包装。

2. 木炭燃料加热玻璃制造——冕玻璃和平板玻璃的制造。平板玻璃制造厂的内部情况和平板玻璃的具体制作过程。

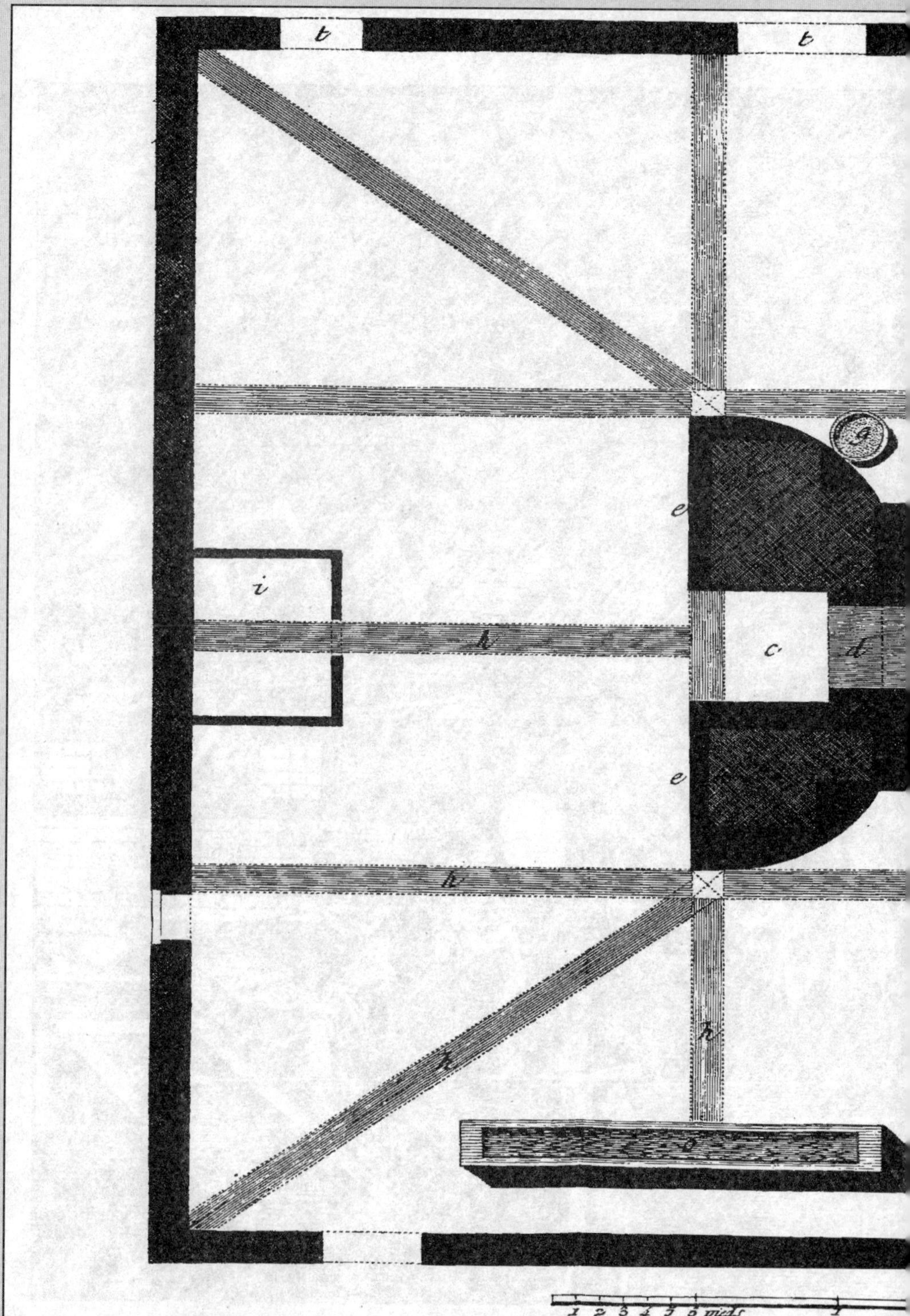

3. 木炭燃料加热玻璃制造——冕玻璃和平板玻璃的制造。冕玻璃工厂总体规划示意图。

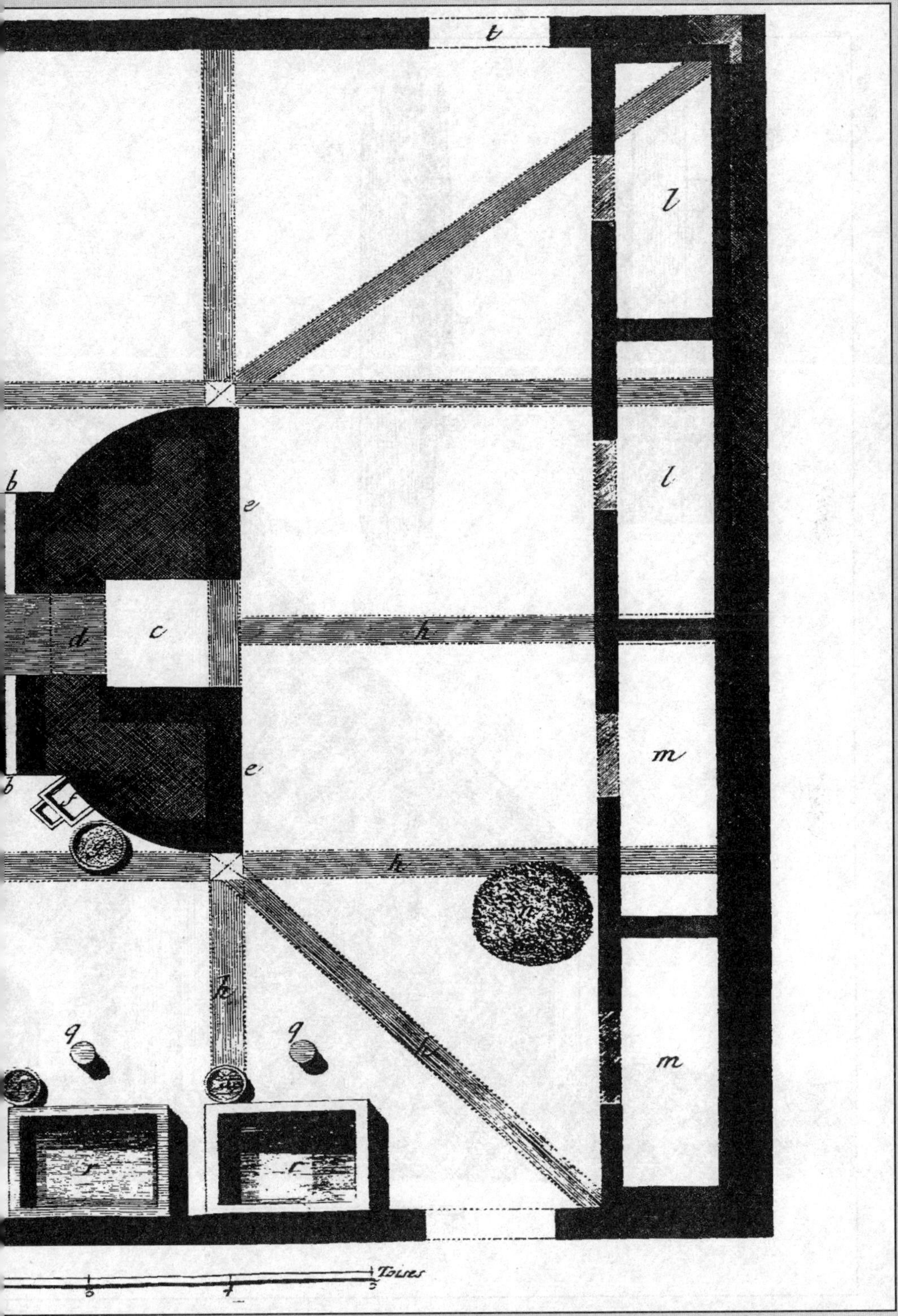
t
l
l
b
e
d
c
h
e
b
m
h
k
q
q
m
r
r
Toises

4. 木炭燃料加热玻璃制造——冕玻璃和平板玻璃的制造。①冕玻璃工厂截面图；②、③工厂屋顶的具体情况；④大小坩埚截面图。

Fig. 4.

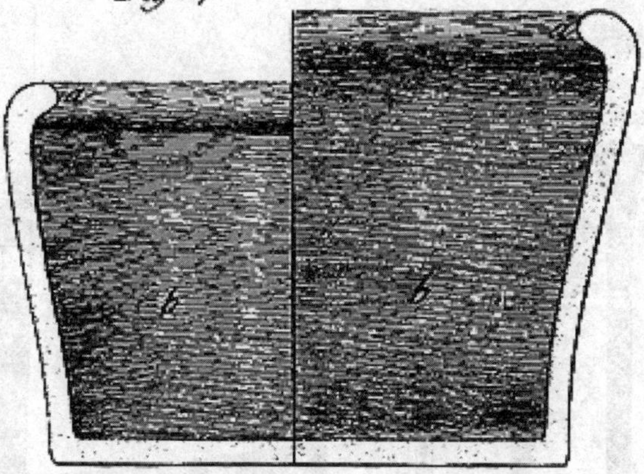

5. 木炭燃料加热玻璃制造——冕玻璃和平板玻璃的制造。冕玻璃工厂的纵切图和横切图，以及各种制作工具。

1.
Fig. 7.
Fig. 8.
Fig. 9.
8 pieds de longueur.
6 pieds de longueur.
depuis 10 jusqu'à 18 pieds de long.
ure 1 et 2.
Toises
3
4
5

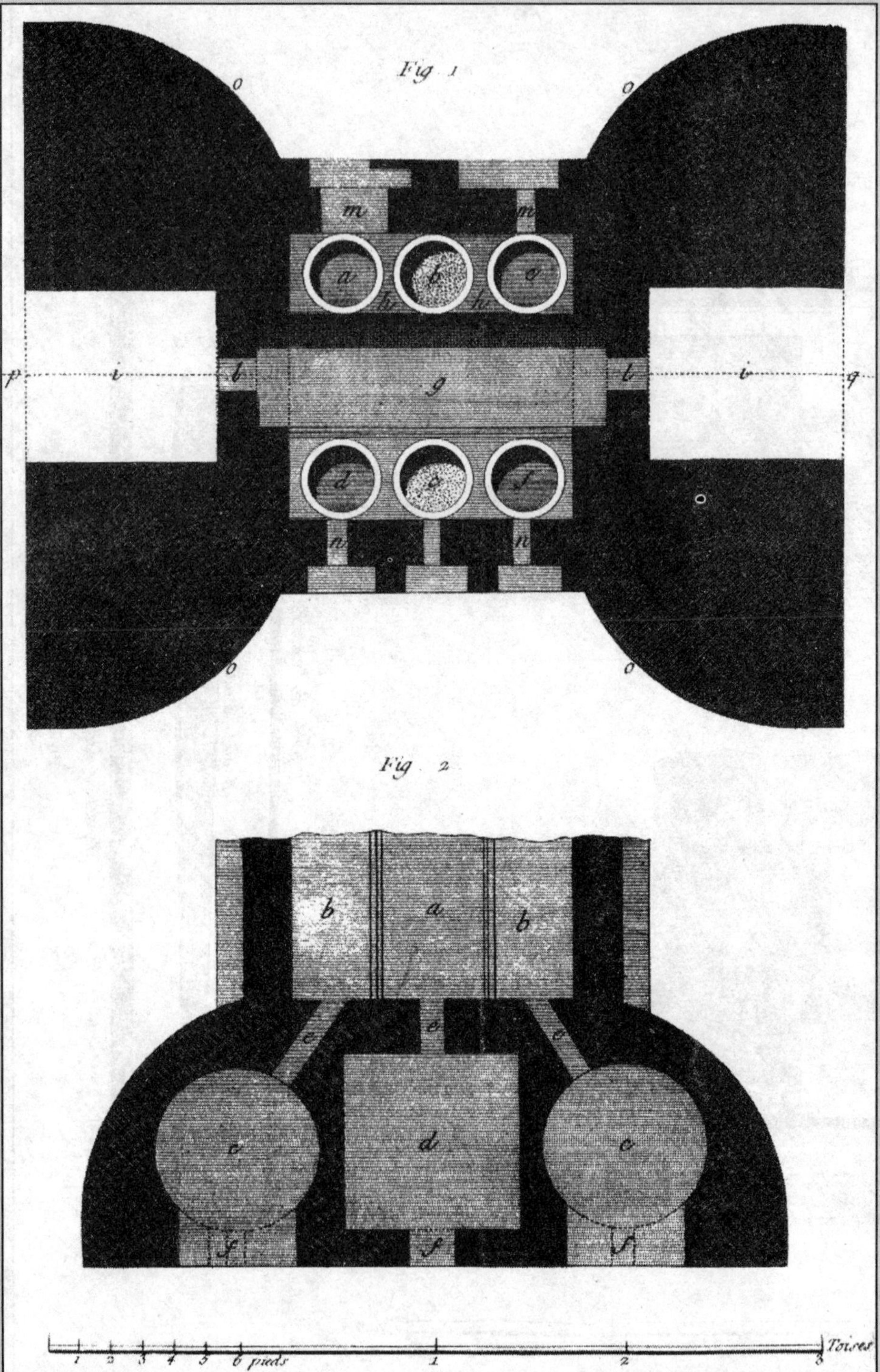

6. 木炭燃料加热玻璃制造——冕玻璃和平板玻璃的制造。冕玻璃工厂熔炉的各层截面示意图。

7. 木炭燃料加热玻璃制造——冕玻璃和平板玻璃的制造。上为熔炉拱门透视图；下为用铁棒碾滚玻璃团进行操作以及操作的垫板。

8. 木炭燃料加热玻璃制造——冕玻璃和平板玻璃的制造。上为用铁棒收集玻璃液；下为用长槽拉拔玻璃团。

▸1.15

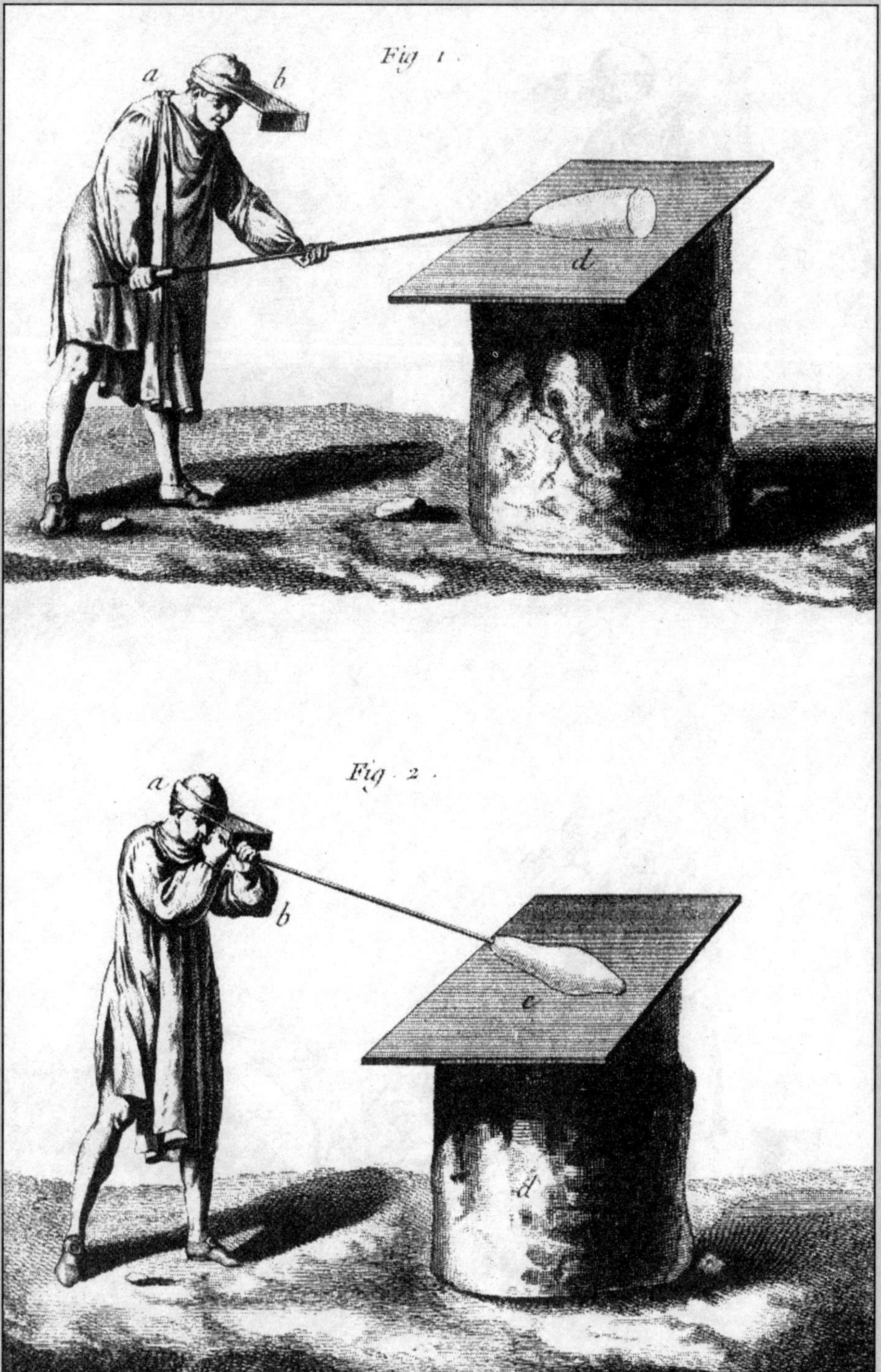

9. 木炭燃料加热玻璃制造——冕玻璃和平板玻璃的制造。上为把玻璃团在垫板上碾滚；下为将玻璃团加热吹制。

10. 木炭燃料加热玻璃制造——冕玻璃和平板玻璃的制造。上为再次将玻璃团碾滚；下为把玻璃团粘在铁棒上形成瓶颈。

11. 木炭燃料加热玻璃制造——晃玻璃和平板玻璃的制造。上为使玻璃团底部出现小节点；下为将玻璃团抵在长槽上进行吹制。

12. 木炭燃料加热玻璃制造——冕玻璃和平板玻璃的制造。上为烧软玻璃团底部，使它变平；下为将玻璃团的柄去掉。

13. 木炭燃料加热玻璃制造——冕玻璃和平板玻璃的制造。上为将玻璃团瓶颈部分剪掉；下为用铁棒连接控制玻璃的另一侧。

14. 木炭燃料加热玻璃制造——冕玻璃和平板玻璃的制造。上为烧软玻璃团；下为对玻璃团进行扩展。

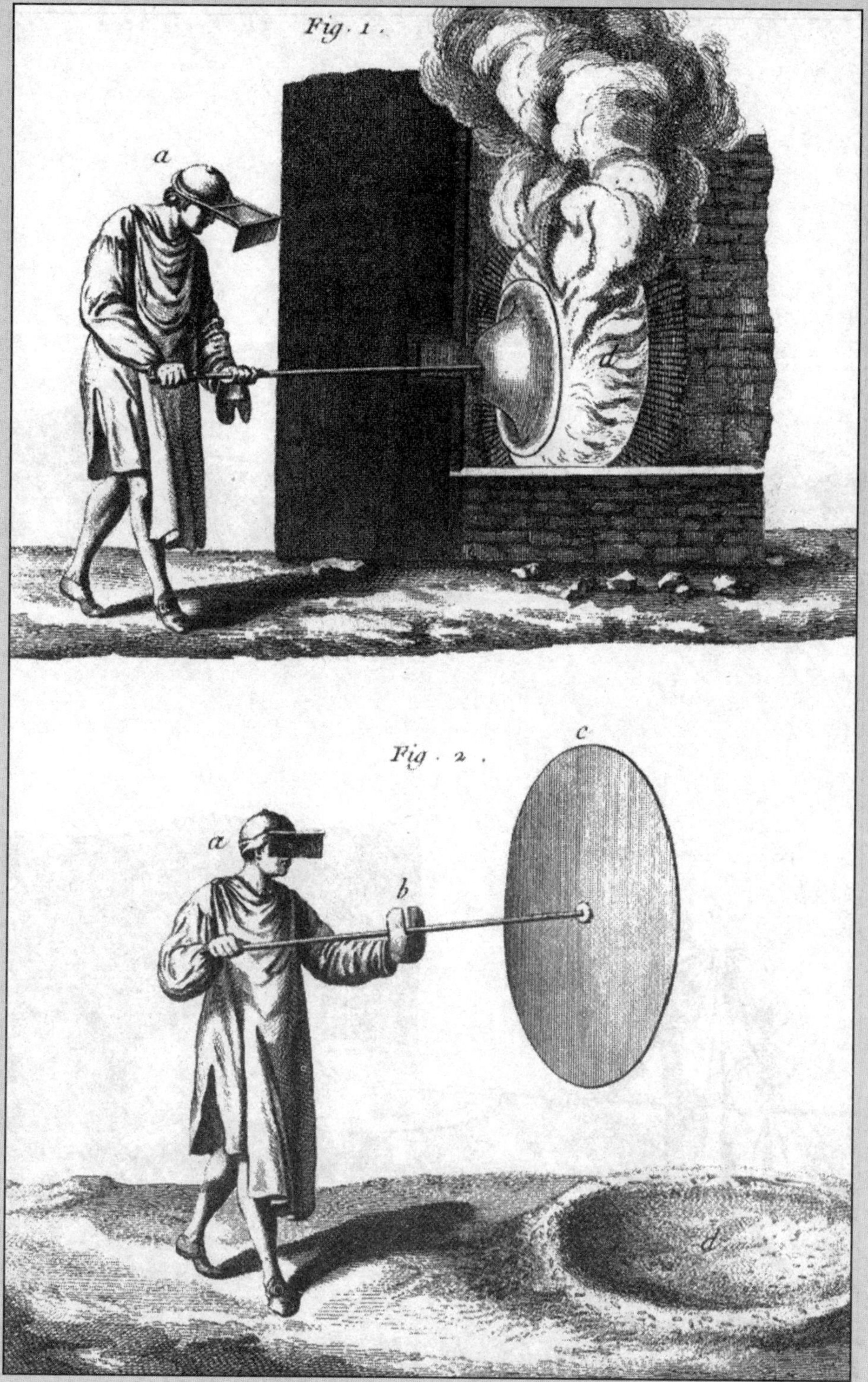

15. 木炭燃料加热玻璃制造——冕玻璃和平板玻璃的制造。上为把玻璃团继续烧制，直至成为一个大屏面；下为将烧制完成的屏面放进灰烬坑。

16. 木炭燃料加热玻璃制造——冕玻璃和平板玻璃的制造。上为将屏面放进灰烬坑；下为把它移到退火炉中。

17. 木炭燃料加热玻璃制造——冕玻璃和平板玻璃的制造。上为从拱室中取出坩埚；下为把坩埚运到熔炉。

18. 木炭燃料加热玻璃制造——冕玻璃和平板玻璃的制造。冕玻璃工厂熔炉的内部情况；把坩埚移到工作台。

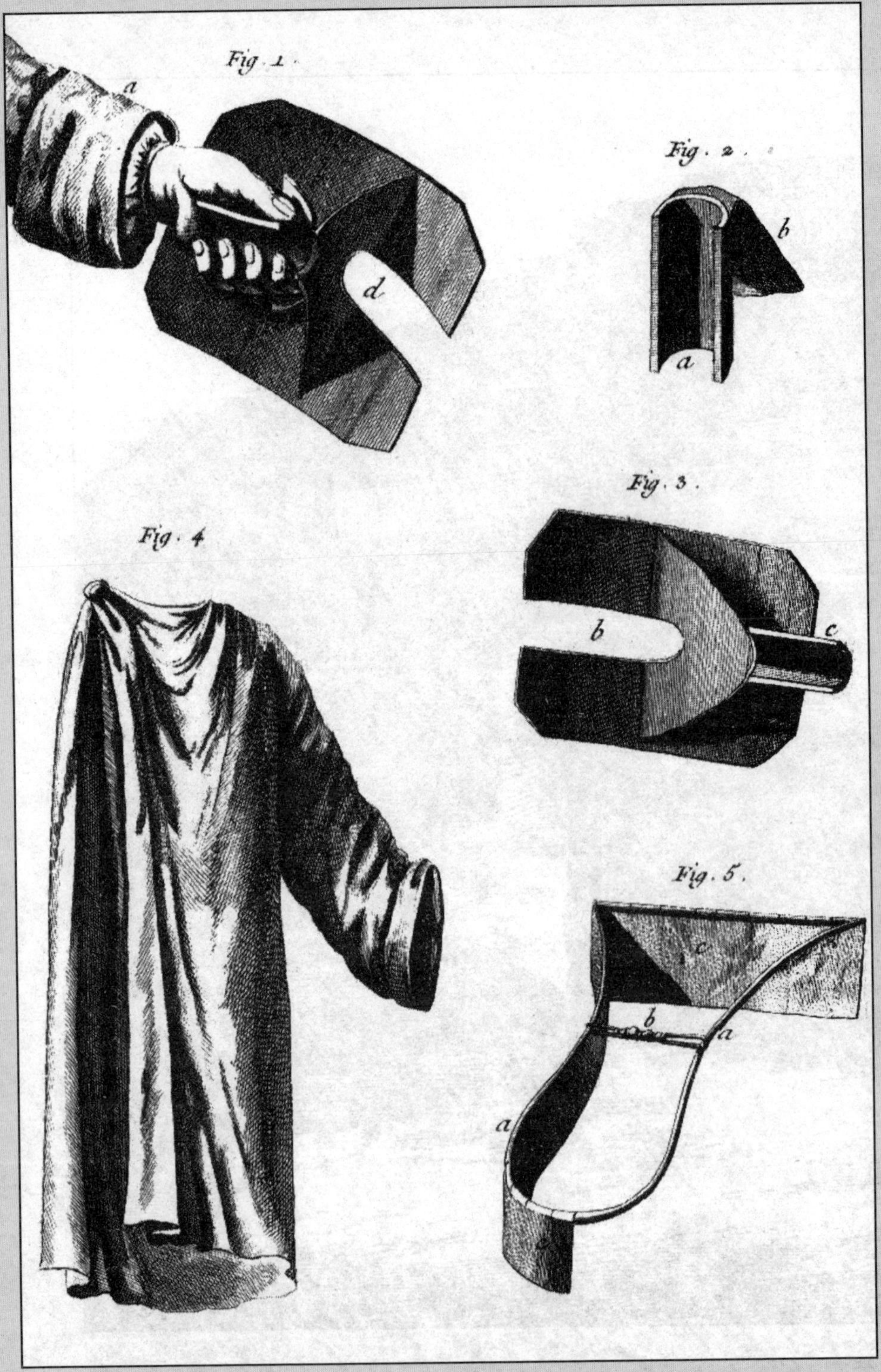

19. 木炭燃料加热玻璃制造——冕玻璃和平板玻璃的制造。冕玻璃工厂司炉工的各种装备。

玻璃技师的外形和一般人有着显著的不同，所以你从他们的外表上一眼就能看出他是一个吹制玻璃圆筒的工人。

他们的颈项粗又短，胸脯像只大桶子一样突起着。

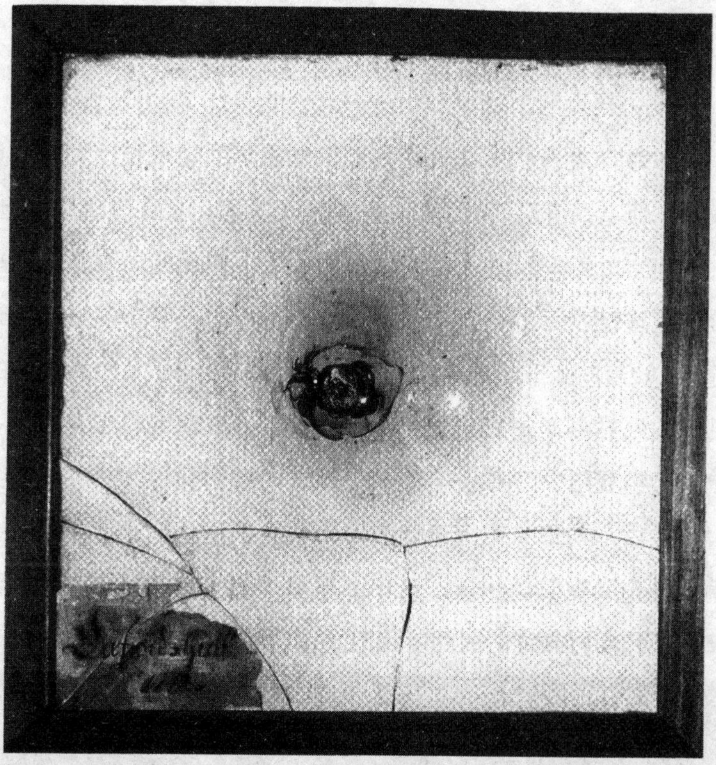

科斯塔玻离窗，它的平面玻璃是由人工吹制的，中间有疤。

他们的两颊也向下垂着，这是由于他们平时的工作过分紧张。

他们的听觉不灵敏，因为他们工作的时候，空气会钻进了耳腺里引起化脓。

由于他们在工作中要经常用牙咬住吹管，所以天长日久，他们的门牙就暴露在外面了。

由于玻璃液会射出有害的光线，他们的眼睛每天都受到这些光线的刺激，所以他们的视力衰退了，另外，他们的手掌发肿了，肩部血管也扩大了。

玻璃工厂里面没有50岁以上的吹制玻璃圆筒工人。吹玻璃工人一般在45岁上下就成了什么工作都做不了的完全残疾人了。

幸运的是，发明家们研制出了多种机器，这才让吹玻璃工人不再从事那样繁重的工作了。

5.4 玻璃柱

1894 年冬天的一天，切姆别尔斯工厂的玻璃技师刘伯尔斯兴奋地冲进了厂长室。他高兴得说不出话来，只是急忙拉着厂长往玻璃熔炉跑去。

地上放着一只罐子，刘伯尔斯手拿一把长柄勺，将一勺玻璃液倒了进去，接着把玻璃吹管的一端放进玻璃液中，一边往管中吹气，一边将吹管向上慢慢提起。吹管向上升起的过程中，它的一端就出现了一个椭圆形的大玻璃泡。接着，刘伯尔斯站到了一只小板凳上继续吹着，玻璃泡也越来越大，越来越长。它的上端已经凝结，而刚离开罐子的下面一端还是暗红色软绵绵的。

最后，刘伯尔斯把玻璃圆筒用一根铁棒从罐子面上截断，这时整个玻璃圆筒都挂在了吹管的一端。这个圆筒用来制作玻璃板再合适不过了，而且这个玻璃圆筒只用两分钟的时间就完成了，制法非常简单，也不需要特殊的技术。

早期吹制玻璃柱的工人

这的确是刘伯尔斯的最大发现。

由于吹制玻璃圆筒的工作完全依靠技师的经验、感觉与技巧，所以根本不可能造一部代替吹制玻璃圆筒技师的工作的机器，却可以制造出一台可以像刘伯尔斯那样造出玻璃泡的机器。这台机器只要能从管子里吸起玻璃液，再往玻璃液里吹空气就可以了，要制造这样的一部机器并不太难。

这种机器可以制造出不同尺寸的圆筒，把这些圆筒剪开展平以后就是窗玻璃了。

刘伯尔斯对此信心十足，同时把信心带给了厂主切姆别尔斯。这个过程看上去非常简单。3个月或4个月以后，这个机器就能制造出来了，到时候，再也不需要人工进行玻璃吹管了。刘伯尔斯和切姆别尔斯研制出的机器制造出来的窗玻璃会装满全世界的每一座建筑物。

但刘伯尔斯和切姆别尔斯万万没有想到，这一切都只是一个幻想，等待他们的是无法想像的重重困难。

切姆别尔斯拨出一笔钱制造这个机器，起初，一切都非常顺利，可试验开始后，就接二连三地发生了遗憾的事。

首先，玻璃圆筒非常重，很难把它们从罐子里拉出来。后来，光亮的玻璃圆筒已经提升到了罐子的上方，只要再有几秒钟的时间，就可以截断它，玻璃圆筒就制作成功了。但这时圆筒的碎片

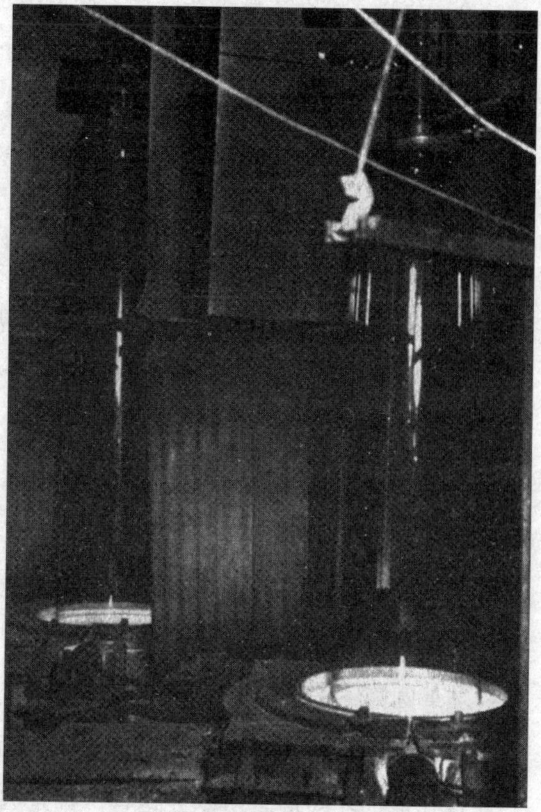

玻璃柱

突然像下雨一样噼啪地撒了下来。

还发生了这样的情况：就算玻璃圆筒完整地离开了罐子，可它的壁的厚度却不同，它最厚的地方比最薄的地方厚上一倍多，用这样的圆筒展开做成的玻璃板根本不能使用。

刘伯尔斯绞尽脑汁刚刚解决了它的一个问题，这圆筒就又给他出了一道新的难题：这个玻璃圆筒并不是像圆柱形一样上下一般粗细的，而是像圆锥形一样越往下变得越细。刘伯尔斯又费了九牛二虎之力才搞清问题的原因所在。

原来，机器把玻璃圆筒从罐子拉起来时，里面的空气开始冷却，它在圆筒壁上的压力也随之减小了。所以玻璃圆筒的下端就不可能像上端一样粗细了。

由此可见，机器吹进圆筒里的空气是不均匀的，这就需要持续加压。

人们经过无数次失败的实验后才制造出了能够自动增加空气压力的机器来。

旧的问题解决了，可玻璃圆筒又给刘伯尔斯带来了真正的考验：它忽然开始“呼吸”了。玻璃圆筒一会儿扩张，一会儿收缩，不一会儿，玻璃圆筒原本光亮的壁上就出现了皱褶。这种有皱褶的圆筒当然无法制造玻璃板。

刘伯尔斯被新的不幸打垮了。他使出浑身解数也没有搞清楚圆筒“呼吸”的原因。他们试过增加或减低压力的方法，试过改变拉长速度的方法，还试过几十种别的方法，但都没有解决这个问题，玻璃圆筒仍然在“呼吸”。

刘伯尔斯彻底绝望了，他准备放弃这个发明。幸运的是，他在一次小意外中得到了提示。

那是在拉长玻璃圆筒的时候，压进玻璃圆筒的空气使管子裂了一条缝，一部分压缩空气从缝里排到了外面。人们为了不中断工作，就没有对它进行及时修补，继续增加压力。非常幸运，这次做成的圆筒居然一点皱褶都没有，非常光滑。

玻璃圆筒终于不再“呼吸”了。

人们又用同样的方法试着拉了几个玻璃圆筒，无一例外都没有皱褶。

现在他们才知道之所以会这样，都是因为圆筒里面的空气要和它周围的空气联通，才能消除空气冲击，不再出现“呼吸”的现象。

人们为圆筒设计了一个气门，它就非常听话了……

在这部机器上，刘伯尔斯用了12年的精力，第13年时，才能用这机器造出上好的窗玻璃来。

刘伯尔斯-切姆别尔斯玻璃制造法如下：

一个粗大的玻璃柱在熔融玻璃液的面上慢慢升起，这个玻璃柱比老橡树的树干还粗。机器均匀地把这个质脆易碎的光亮玻璃柱提得越来越高。5米、8米了、10米，它还在往上提着，一直提到了13米高才停下来，要知道，这等于三层楼的高度。

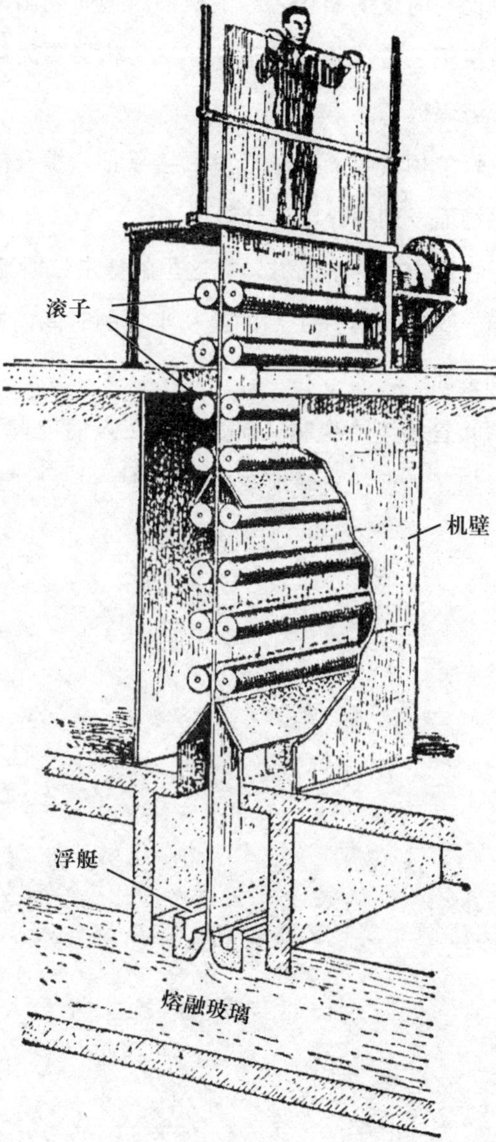

这个巨大的空心玻璃圆柱，平滑光亮，安静地站在那里。对于它来说，人们显得太渺小了，人们用湿润的铁器从下面把它截断。这时，这个空心的玻璃圆柱就像到了太空一样，在空气中飘荡着。

这个玻璃圆筒重约300公斤，人们把它小心地放在三角架上进行分割，展开后形成了标准的玻璃板……

刘伯尔斯是个天才的发明

家，可惜的是，他的机器成功的那天，他却已经去世了，没有看到自已倾注心血研制成功的机器成熟后进行工作时那令人振奋的情景。他去世的时候仍旧非常贫困，就像他最初拉着切姆别尔斯去看自己的发现时一样穷困……

现在除刘伯尔斯研制出的机器以外，还有很多制造窗玻璃的机器。其中就包括比利时发明家伏尔柯的机器。他研制出的机器无法把玻璃拉长成圆柱，而是直接把它拉成长柱的形状。这个机器更为简便，可以把这些长状直接截成一块块玻璃板了。

伏尔柯式机器拉长玻璃后接着把它提升的速度约为每小时五六十米。玻璃带平稳而一刻不停地上升着。

古西市号称水晶城，在这里的捷尔仁斯基厂里，20 台伏尔柯式机器连续工作着。这些机器开工后的最初半年的时间内制造出的玻璃带，就可以从莫斯科铺到美洲了。

吹管曾经给吹制玻璃圆筒的工人们带来了无数的磨难，今天，终于可以功成身退了，现在安静地躺在博物馆里供人欣赏。

第 6 章
镜子断片

6.1 神秘的金属圆盘

200 多年前，考古学家在埃及的一座墓穴中找到了一个小巧玲珑的金属圆盘，上面有一层厚厚的锈。这个圆盘是在一名年轻女子雕像的头上发现的。

那么，这个圆盘的用途是什么呢？

考古学家进行了激烈的讨论，得出了不同的结论：有的人认为这个圆盘的作用和羽扇相似；有的人认为这个圆盘是一种装饰品；还有的人认为这个圆盘是烤盘，当时埃及的妇女们就是用它来烤制各种小食品的，类似于现在的饼干类食品。

这个圆盘被送到化学实验室中。化学家洗去圆盘上面的污垢，小心翼翼地敲下一小块金属，研究它的成分。结果表明，这个圆盘是用铜和锡的合金制成的，也就是我们所说的青铜。

化学家用金刚砂打磨掉圆盘上面的黑锈，发现这个圆盘有着光滑明亮的表面，上面映出了自己的面孔，此时一切都清楚了。

原来，这个金属圆盘是一面镜子。

现在，最常见到的镜子是用玻璃制成的，而那时候的埃及人，使用的却是青铜制成的镜子。

青铜镜子照出来的影像模糊不清，受潮之后会变暗，就什么都看不见了，因此，古代的人们尝试用银子制造镜子。虽然银镜子照出来的影像清晰明亮，但时间长了也会变暗。而且，银镜子的价格是相当昂贵的。

人们还制造过钢镜子。在俄国，这种镜子的名字就是“钢镜”。不过，经过一段时间，这种镜子也会变暗，长出红色的锈。

几千年来，人们没有用其他的材料制造过镜子。

其实，想要保持金属镜子的光滑明亮不是一件困难的事情，只要它的表面不和空气、水分接触，它就不会变暗。也就是说，用什么东西把镜子遮住就可以了。

为了保护贵重的餐桌，我们会在它的上面盖上漆布，避免它被划刻，留下难以去掉的痕迹。

我们不能用漆布来保护镜子，必需使用一些透明的东西。简单来说，就是用玻璃来遮挡镜子。这样一来，铜镜就变成了玻璃镜子。

当时，埃及人和罗马人都无法这样做，因为他们不会制造玻璃。

慕兰诺的技师们最早学会了制造透明的玻璃，然后寻找把玻璃泡制成玻璃板的方法。不久后，他们已经能够制造玻璃板了，为制造玻璃镜子打下了基础。

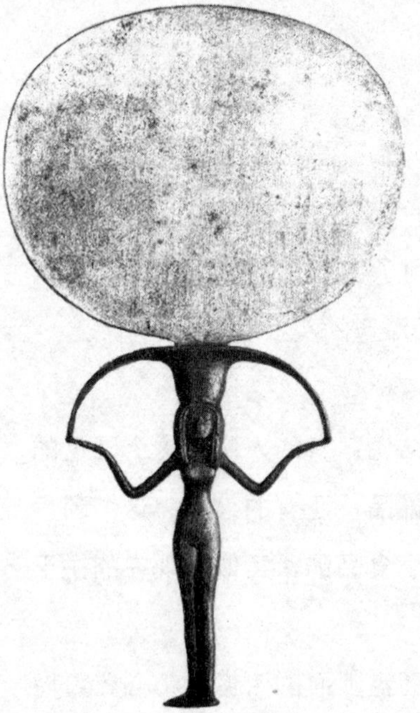

古代埃及的铜镜，镜柄上是女神哈托尔(Hathor)，代表着爱情、生育、美丽

现在，不仅有了光滑明亮的金属板，还有了透明的玻璃板。接下来，只要把这两种材料连接在一起，就可以制造出上等的玻璃镜子。

不过，怎样才能把两种不同的材料连接在一起呢？用冷制的方法可以吗？答案是不行。冷却的时候，玻璃会碎掉，因为玻璃和金属受热后膨胀的程度不同。而且，就算能够成功地把玻璃和金属连接起来，这种镜子的价格肯定会特别昂贵，能够买得起的人少之又少。制造一面镜子，最少要使用5公斤的银子，也许更多一些。然而，即使是5公斤的银子，价值已经很高了。

因此，要制造出一种镜子，不但可以卖给王公贵族，而且可以卖给普通的人们，就需要使用非常薄的金属板。其实，已经不能称之为金属板，应该是金属片了。当然，这层金属片要牢牢地粘在玻璃板上。

虽然这个问题不容易解决，但终于还是解决了。人们把一块锡熔化掉，然后把锡液倒在平滑的大理石上，再加入少量的水银。水银和锡液混合在一起，形成了汞合金；然后，把玻璃板放上去，一层薄薄的汞合金就粘在玻璃板上面了。

于是，第一面玻璃镜子诞生了。

威尼斯人一直严格保密制造玻璃镜子的方法。200多年来，整个欧洲的王公贵族和乡绅名人，都花费很高的价钱去威尼斯订购玻璃镜子。

当时，玻璃镜子还可以作为贵重的礼品，送给达官贵人。

法国女王玛丽·麦迪奇结婚时，威尼斯共和国的统治者就送了一面玻璃镜子作为礼物，这面镜子是慕兰诺技师们的得意作品。

这面玻璃镜子小巧玲珑，大小类似于这本书，价值高达15万法郎。当然，这面镜子镶在一个贵重的镜框里。

渐渐地，镜子成为了贵族的标志物。作为一个贵族，可以什么都没有，但一定要拥有一面小巧精致的玻璃镜子。

法国大臣克尔勃发现，法国的金钱正在不停地流向威尼斯，因为只有威尼斯能够制造出玻璃镜子，而技师们却不肯把制造镜子的方法告诉外人。克尔勃下定决心，一定要把制造镜子的方法弄到手。

于是，克尔勃向法国驻威尼斯的大使下达了一个命令：想办法收买三名制造玻璃镜子的技师，然后把他们运送到法国。

在秋天的一个黑夜中，一只小艇悄悄地离开慕兰诺岛，带着三名技师驶向法国。来到法国之后，这三名技师被秘密地藏起来，让威尼斯的间谍无法找到他们的踪影。

这三名技师把制造镜子的方法告诉了法国的技师。

几年后，在诺曼底的某一个地方，成立了一个制造玻璃镜子的工厂……

玻璃镜子成了流行的装饰品。不仅王公贵族有这样的想法，富有的商人和职业者也这样认为，想在家里摆上一面漂亮的玻璃镜子。人们开始把玻璃镜子当做装饰品，用来装饰床铺、餐桌、柜橱、椅子等家具。有些人还把小镜子缝在礼服上，当人们跳舞的时候，在烛光的照耀下，大厅里到处是闪亮的光点。这些光点在天花板上闪耀，在墙壁上跳跃，在宾客们的脸上晃动……真是一种难以言喻的视觉享受！

玻璃镜子的数量越来越多，但它的质量没有提高，还是和刚出现时一样：镜子表面凹凸不平，照出来的脸庞不是平整的，而是扭曲的。

而且，玻璃镜子都非常小，因为当时的技师不会制造大块的玻璃板，即使是最好的技师也是如此。

如果想要在镜子中看见自己的全身像，必须站在十几米的地方，并且看到的影像模糊不清。

这时，人们最大的愿望就是，制造出又大又光滑的镜子。

早期玻璃梳妆台

6.2 用 100 个小时打磨玻璃

法国人找到了制造大镜子的方法。他们建造了一个又长又宽的铁台子，四周围有边，看起来像是一个弹子台。工人把熔化的玻璃倒在台子上，然后用一根铁棍子在上面擀来擀去，就像是妇女用擀面杖擀面一样。

这样，就得到了一面巨大的玻璃板。不过，这面玻璃板不是平滑的，用手摸一下就会感觉到，它是凹凸不平的，像是波浪一样起伏。

这样的玻璃板不能用来做镜子。那么，怎样才能让玻璃板变得平整光滑呢?

古埃及时期，人们就可以把玻璃花瓶面弄得无比光滑。他们用沙子使劲打磨玻璃面，细小的沙粒可以把玻璃面上那些极小的、肉眼刚刚能够看到的小丘磨平。

这时，人们采用相同的方法来打磨制造镜子的玻璃板。

这是一个费时又费力的工作。首先，在这块玻璃板的上面撒上一层细沙；然后，把另一块玻璃板盖在上面；接着，用上面这块玻璃板均匀地打磨下面这块玻璃板。这是一项单调的工作，而且消耗时间!

如果想要把一块玻璃板打磨平整，需要两个人团结合作 30 个小时。

不过，这件事情还没有结束。打磨之后，玻璃板变得平整多了，厚度也一样了，但又出现了新的问题：它的表面不是光滑的，而是深灰色的麻面。

怎么会出现麻面呢？这是细沙留下的痕迹，无数个小沟壑。

当然，这样的玻璃板不能用来制造镜子，所以还要把它打磨光滑。

接下来，要用一种非常细的细粉来磨光。工人们拿着外面包着毛毡的小木板沿着玻璃板的面来回打磨。要打磨多少次呢？一百次，一千次，还是一万次?比这些数值要大得多，大约是几十万次。

磨光的时间要比磨平的时间多得多，大约需要花费 70 个小时。

30+70=100，一共需要花费 100 个小时。也就是说，想要做成一面制造镜子的平整光滑的玻璃板，要工作 100 个小时。

当然，那时候镜子有着昂贵的价格。

当时，买一面不大的镜子所需要的钱，大约是一个小康家庭半年的生活花费。

现在，玻璃的磨平、磨光的工作是由机器完成的。

把黄蜡倒在巨大的圆台面上，然后用起重机吊起玻璃板放在黄蜡上面。如果起重机是从玻璃的边缘抓起玻璃板，那么，玻璃板会因为无法支撑本身的重量而破裂。不过，起重机是用另一种方式提取玻璃板的，用无数的橡皮吸盘来吸取。在空中运输时，玻璃板被橡皮吸盘牢牢地吸附住，然后轻轻地放在台上。

这时候，装着玻璃板的圆台就滚到磨床的旋盘下面，旋盘立刻转动起来。半个小时之后，玻璃板就被磨平了。

接着，圆台滚到磨光旋盘的下面，这些旋盘中有毛毡，可以把玻璃板打磨光滑。

磨光的工作大约需要一个小时，远远小于手工的 70 个小时。

当人们学会了制造大玻璃，并且能够打磨得非常光滑（人工方法也可以），制造镜子的技术就提高了，镜子的销路也越来越大。当时，人们喜欢用镜子来装饰房屋：不仅是墙壁上有镜子，天花板上也安装镜子。这种房间会让客人惊

四面都是玻璃的镜屋

讶不已，赞不绝口。不过，这样的房间不适宜居住，无论你向那个方向观望，看见的都是房间的影像，成百上千个相同的影像。开始时，也许你会觉得非常有趣，慢慢地你就会觉得不舒服，想要回到普通的房间去。

在西班牙的宗教中，有一种特殊的刑罚，刑具就是镜子。把犯人接连几天关在一间装满镜子的房间中，房间里只有他和灯光，没有其他的东西。无数的影像夜以继日地围着他，这些影像就像是他的孪生兄弟，他们在各个方向上出现，重复着他的动作，彷佛在嘲笑他这个犯人。

关在房间里的犯人，常常因为经受不住这些影像的折磨而发疯。

不久后，宫廷中就不用镜子装饰墙壁和天花板了。不过，镜子依然是宫廷中上等的装饰品。在墙壁上，挂着各种各样的镜子，有的是银质的镜框，有的是青铜的镜框，还有的是瓷制的镜框。

在普希金城中，叶卡捷琳娜女皇宫中最精美的地方是大礼堂。大礼堂的主要装饰品就是镜子，周围的墙壁上排列着三排镜子。在举行各种典礼时，礼堂里点着上百支蜡烛，烛光经过镜子和地板的反射，形成了光的海洋，人们被光海包围着。

利用机器对玻璃板进行磨平、磨光之后，镜子的价格逐渐降低。后来，不仅王公贵族在使用镜子，普通的人们也在使用。

制造镜子的玻璃板之所以珍贵，不仅因为它可以制造镜子，还因为它本身的优势：这种玻璃比普通玻璃更加透明，更加纯净，更加可爱。制造镜子的玻璃闪闪发光，比普通玻璃漂亮多了，因此，这种玻璃被用来制作大型商店的橱窗。此外，制造镜子的玻璃还安装在其他的地方，例如，火车站、大饭店、博物馆、客车、船舱等。

制造镜子的玻璃就像是最上等的窗玻璃，有着广泛的用途。

不久后，汽车上也开始使用这种玻璃。

不过，汽车的生产量很大，一辆汽车就需要使用好几块玻璃，导致对玻璃的需求量大增，工厂生产出来的玻璃无法满足人们的需求。

这时，需要提高生产玻璃的技术，以便生产出更多的玻璃，满足人们的要求。

6.3 玻璃带

玻璃工厂无法提供足够的玻璃，那么，需要使用玻璃的厂家就要想办法制造玻璃。

一家外国汽车制造厂的厂主作出了一个决定，他命令两个青年去寻找制造镜子玻璃的生产方法。

当时，这两个青年对于玻璃的了解非常有限，就像你我一样：他们只知道玻璃是透明的，而且容易破碎。至于玻璃的生产方法，他们一点也不知道，因为他们根本没有学习过制造玻璃的方法，他们一个是机械师，另一个是纺织厂的工程师。

这个汽车制造厂的主人之所以选择这两个外行人，因为他觉得只有外行人才不会被成见所束缚，才会去做专家们认为的必定失败的实验。

这两个青年勇敢地接受了这个任务。他们去玻璃工厂做普通工人：一个人研究熔炉和玻璃的熔炼方法，另一个人去学习制造玻璃板的方法。

他们认真观察工厂中的每一件事情，经常对自己提出这样的问题：这件事能否用更快、更好的方法来做呢？

随着时间的流逝，他们在工厂中待了一个月又一个月，他们慢慢找到解决问题的方法：在他们的脑海中出现了一个新型的工厂，这个工厂和原来制造玻璃的工厂不同，这个工厂中生成玻璃的是机器，玻璃从一部机器中自动地进入另一部机器。

1919年，这两个青年开始进行试验。1922年，他们实现了自己的目标。

在他们设计的机器中，有两个旋转着的辊子，玻璃液会从它们之间流过，流出来之后就变成了玻璃带子。辊子不停地转动，玻璃液不断地经过它们，然后变成又薄又长的玻璃带。

在辊子的驱使下，玻璃带子慢慢地向前爬行。

在这条长长的玻璃带上，人们可以根据自己的需要，切割下任意尺寸的玻璃板。

然后，把玻璃板装到小货车上，小货车连成整列的车。列车沿着长廊前进，长廊里装着磨平、磨光的机器。在列车的前进过程中，这些机器就利用自己的圆盘，把车厢里的玻璃磨平、磨光。等到列车驶出这个长廊之后，列车中的玻璃已经被打磨得又平整又光滑。

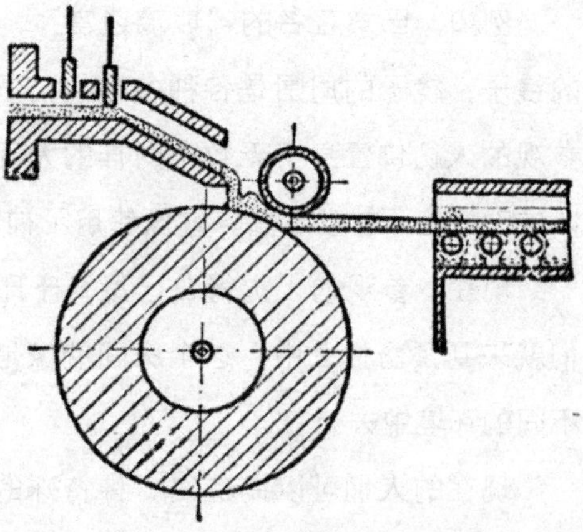
玻璃液从两个辊子中间流过

这真是一种奇怪的现象：在玻璃工厂中，玻璃的样子随时在发生变化，没有一刻是静止不动的，总是在活动着。

最初，玻璃液像是河水一样从熔炉的一端来到另一端；然后，玻璃液从辊子中间流过，变成了长长的玻璃带；最后，变成一块块的玻璃板，乘坐着列车完成了最后的旅程。

放在熔炉中的是沙子、苏打等物质的混合物，从列车中出来的却是平整光滑的玻璃板，可以直接用来安装在汽车上。

现在，制造镜子的玻璃和镜子有着明显的区别。制造镜子的玻璃有了自己的用途：主要用在建筑物和汽车上。不过，还是有一部分用来制造镜子；人们从来没有忘记镜子，还在不断地进行改良。

在玻璃板上涂上一层汞合金，制造出来的镜子照出来的影像是苍白的。而且，制造的时候还要接触有毒的物质，常常有人因为吸入汞蒸气而中毒。

后来，人们找到了代替汞合金的方法，在玻璃板上涂一层薄薄的银子。为了保护这一层银子，人们在它的背面涂上一层漆。

经过改良后的镜子，可以照出清晰的影像。

现在，人们也像古时候那样，在房间和大厅里安装玻璃。

例如，巴黎著名的“玻璃迷宫”，它的构造是：大厅的墙壁上安装着大块的镜子，镜子的周围是各种各样的柱子、装饰、雕像。由于镜子的反射作用，参观的人彷佛置身于无数个同样的大厅之中。此外，每一个角落里的圆柱都可以转动，柱子转动之后，就像使用了神奇的魔法棒，整个影像都会发生变化。

现在，参观的人觉得自己置身于印度古老的庙宇中；再转动一下圆柱，人们就来到了密林之中。这个房间就像是一个“万花筒”，随时可以把人们带到不同的环境中去……

现在的人们可以制造出一种特殊的玻璃：从这一面看去，它是一面镜子；从另一面看去，它是一块普通的透明玻璃，可以看见任何东西。

如果汽车上安装了这种玻璃，坐在车里面的人可以看见外面的一切，但外面的人无法看见车内的情况。任何一人向车内望去，看见的不是车里的人，而是他自己的影像。

此外，人们还会制造彩色的玻璃：金色的、红色的、黄色的、玫瑰色的等其他各种颜色的玻璃。

6.4 凹面镜

100 多年前，一位医师有了这样的想法：通过一个人的咽喉和食道，有没有办法看见他的胃呢？

这是一个奇异的想法，让人难以相信。因为从咽喉到食道，再到胃部，这是一条曲折的路线，而不是笔直的。我们都知道，光线是沿着直线传播的。

这时，镜子又要发挥作用了：它可以让光线拐弯，改变光线的传播方向。

当一个小孩坐在窗户前，拿着一面小镜子，把日光映射到同伴的眼睛中时，他利用的就是镜子的这个特点。

如果镜子能够改变光线的方向，就像是一个人把手中的皮球抛给另一个人一样，那么，镜子也能够改变景象的方向。例如，我们面对着前面的镜子，眼睛看到的却是背后的景象，或者是某一个角落的景象。

这样一来，就有可能看到胃里的情况了。

一位马戏团里的吞剑魔术师，愿意尝试一下这个实验。

于是，医师找到一根狭长的管子，在管子的一端安装一面小小的镜子，然后把这根管子塞到魔术师的食道中，接着在露在外面的那一端装上一个小小的电灯泡。

果然，医师看到了魔术师胃里的情况。当然，看得不是很清楚，因为电灯泡的光线非常弱，但毕竟还是看到了。

检查胃部的内窥镜就是根据这个原理发明的。

后来，内窥镜有了很大的改善：人们在管子中放上一根电线，并在里面的顶端安装一个精致小巧的电灯泡，等到小灯泡亮起来之后，胃里面的情况就看得清清楚楚了。

这个小灯泡的体积非常小，但亮度很强，把胃内部的情况照得清楚明了，有经验的医师，用眼睛一看就可以发现胃里面的溃疡或者肿瘤。

在医学上，人们又把这种“潜望镜”和照相机结合起来，可以把胃内部的情况拍摄成照片。

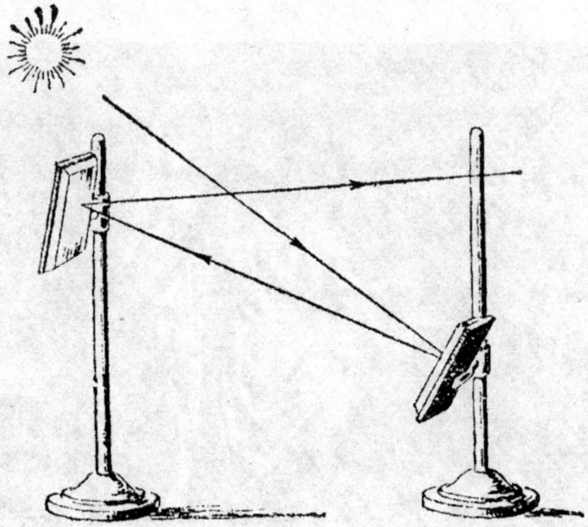

不过，潜望镜主要是运用在军事上，而不是医学上。

其实，军事上使用的潜望镜的原理非常简单，有一个长筒，上面和下面都斜着安装一面小镜子。

潜望镜上面镜子中的影像，可以反射到下面的镜子中。这样，可以把潜望镜的上端放在战壕的外面，用来观察敌军的情况，人就躲在战壕中，不用面临外面的危险。

当然，潜艇上使用的才是真正的潜望镜，艇员可以通过露出水面的镜头，在水下看到海面的情况。

就这样，把两面镜子放在一个长筒中，就变成了重要的光学仪器。

此外，镜子还有一个亲密的伙伴——三棱镜，就是有三个边棱的玻璃。三棱镜也可以让光线拐弯，改变光线的传播方向。

在上等的潜望镜中，安装的是三棱镜，而不是普通的镜子。例如，潜水艇中使用的潜望镜。不过，安装镜子的潜望镜，制造的方法非常简单。

但是，在光学上有着重要作用的不是普通的平面镜，而是凹面镜：凹面镜的作用是汇聚光线，让无数的光线在镜面外的某一个地方汇聚在一起。

在古代的传说中，希腊著名的学者阿基米德曾经制造了一个巨大的凹面镜。当罗马舰队想要攻击锡拉库扎城（阿基米德居住的城市）的时候，阿基米德用自己制造的凹面镜把阳光汇聚起来，朝着罗马的舰队射去。结果，用木头制造的舰队开始燃烧。利用同样的方法，阿基米德把罗马的所有舰队都烧掉了。于是，解除了锡拉库扎城的危机。

传说在迦太基战争中，阿基米德用“取火镜”打败了罗马舰队，保卫了锡拉库扎城。但这样的事情在现实中是不可能发生的。

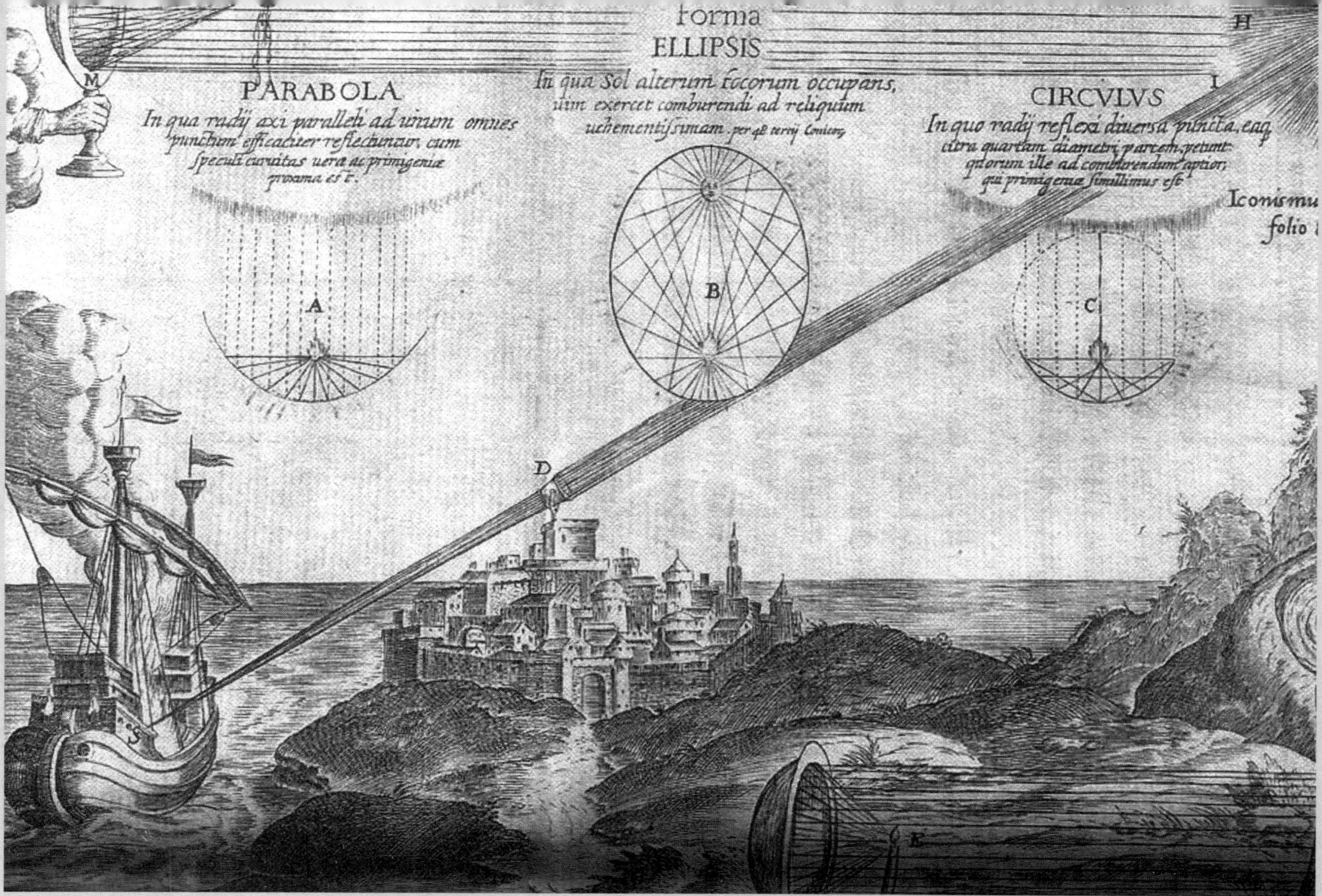

关于取火镜的研究很多，这幅图中有抛物镜、椭圆镜、球面镜等的工作原理，本图的作者觉得阿基米德使用的不是凹面镜，而是透镜。

当然，这个传说是错误的，因为要集中这么多的太阳热量，并把它送到比较远的地方去，就需要非常大的凹面镜，而且要打磨得非常光滑。

而且，在古希腊时期，人们还无法制造出这样的凹面镜。

曾经，有人想用凹面镜来制造“日光发动机”：找来几块凹面镜，把阳光集中照射到蒸汽锅上，等到锅里的水沸腾之后，蒸汽就会带动发动机工作。

这种“日光发动机”主要应用在南方，因为南方的温度比较高，太阳能够提供更多的热量，可以带动发动机工作。

不过，这种发动机的作用不是很大，没有取得人们理想中的效果。

在另一方面，凹面镜有着重要的用途：用来照明，而不是燃烧。

手电筒中安装的是一个小小的灯泡，它的亮度相当于几支蜡烛的亮度。如果手电筒中的光线被分散到各个方向去，灯泡的效果就会降低很多，它的光只能够照射到一两米处。

不过，如果在小灯泡的后面安装一个凹面镜，那么，小灯泡的光线就能够照射到十几米远的地方。

其实，汽车的头灯和探照灯都是这样的结构。

在探照灯中，用来发光的是弧光灯。如果把探照灯里面的凹面镜去掉，那么，弧光灯的光线就会向四面八方散射，这样的探照灯只能照射一二公里远，而不是一般情况下的七十多公里……

铁路上的信号灯、舰船上的航行灯、灯塔上的指路灯，都使用了凹面镜，用来把光线汇聚成一束。

不过，如果你认为只有凹面镜能够汇聚光线的话，那你的想法就错了。平面镜有自己的伙伴——三棱镜，凹面镜也有自己的伙伴——透镜。

在儒勒·凡尔纳的小说中，勇敢的船长哈特拉斯有一个好朋友，他的名字是克劳波尼，而且是一位伟大的发明家。

有一次，他们在北极探险时面临着严重的困境：在 -48　的严寒中，火柴使用完了，要怎么办呢？如果有人带了凹面镜，就可以用它来代替火柴。可是，谁也没有随身携带凹面镜。不过，克劳波尼没有着慌，他用斧头砍下一块冰块，把它打磨成透镜的形状，然后用两只手磨成光滑的。这个用冰块制作成的透镜，在阳光的照射下，把光线集中起来，然后照射到火绒上。不久后，火绒上就出现了火苗。

阅读完这个故事，大家可能会产生一些疑问。

在 -48 的低温中，克劳波尼是怎样用斧头砍断冰块，制作透镜的呢？如果透镜的形状有偏差，或者不够光滑，就无法把太阳的光线集中起来，自然不能点燃火绒。

其实，用冰做的透镜不适合用来集中光线。

最好的透镜是用玻璃做的聚光镜，有时候也被称为点火镜。

聚光镜类似于凹面镜，作用也差不多。有时候，要采用凹面镜；有时候，要使用透镜；有时候，要同时使用这两种镜子。

我们在前面就说过，手电筒灯泡的后面有一个凹面镜，但在小灯泡的前面，还有一个透镜。凹面镜和透镜结合起来，把灯泡发出的光线集中在一处。

灯塔上的指路灯，结构更加复杂。古时候，最有名的灯塔是亚历山大灯塔，这座灯塔有 135 米高，这样的高度相当于四五十层的摩天大厦。

曾经，这座灯塔被称为“光的奇迹”。在灯塔的顶部，燃烧着一个巨大的火堆，为航海者指引方向。

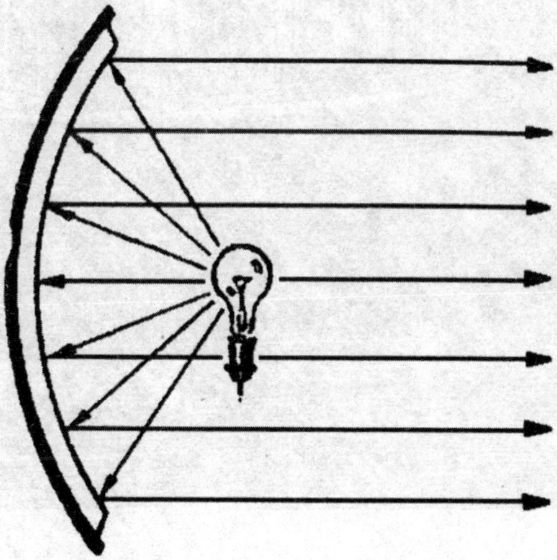

虽然我们不能确定灯塔上的光线能够照射多远，但它一定不能照到很远的地方，因为即使火堆非常大，发出的光也不会太亮。而且，火堆的光线是射向四面八方的，

传说中的亚历山大灯塔

大大地削弱了光线的亮度。

许多年来，人们一直想办法增加灯塔上的指路灯的亮度。例如，烧煤或者涂了松油的火把；装有许多灯芯的油灯，还在油灯的上面放上灯罩，让它显得更亮一些。

不过，这些都没有太大的作用。

灯塔上的指路灯的亮度依然很弱，常常发生这样的事情：船长把岸上燃烧的火堆当成是灯塔上的指路灯，向着光源处驶去，最后触礁或者搁浅。

没有想到，船只的救星竟然是玻璃：人们在灯塔上的指路灯的后面安装了凹面镜，还把指路灯放在玻璃透镜组成的圆形的“盒子”中。

1925 年，法国的迪南城 (Dinan) 附近修建了一座巨大的灯塔，这个灯塔不是给轮船指引方向，而是给飞行员指引方向的。每隔 50 秒，这座灯塔上的灯光就会闪烁一次。

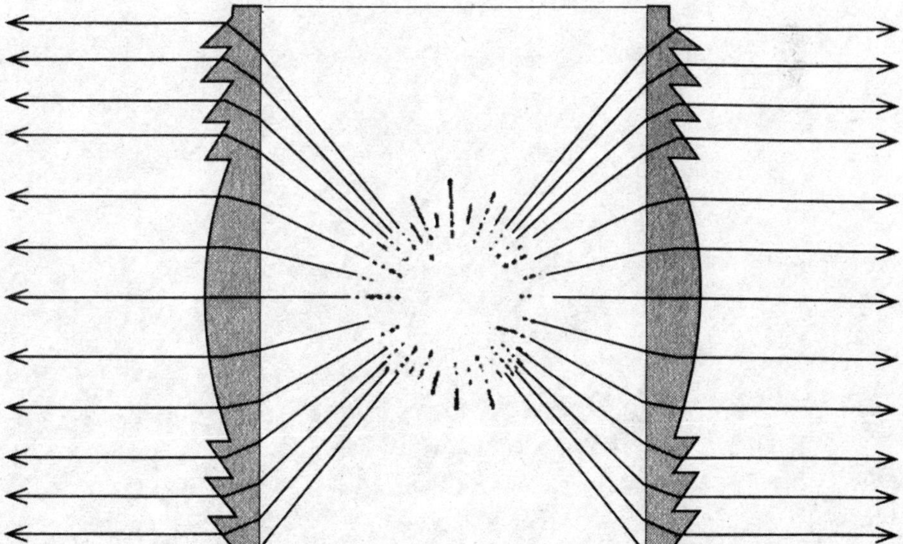

菲涅耳透镜原理图

法国迪让城灯塔

迪南城的灯塔修建在一座高岗上，灯塔的灯像一个小房间那么大，使用了很大的凹面镜和透镜来汇聚光线。在晴朗的天气中，这个灯的灯光能够照射到几十公里远的地方。

通过我们的讲述可以明白，日光发动机、手电筒、探照灯、灯塔都会使用到凹面镜。不过，我们讲述的只是一部分，凹面镜还有其他的用途。例如，用在显微镜上。

虽然如此，我们已经在不自觉的情况下走入了光学范围。所以，在继续讲述我们的故事之前，先来了解一下制造光学仪器的特殊玻璃。

第 7 章
纪南的奥秘

7.1 一百年前

1916 年的春天，第一次世界大战期间，一只熄灭了灯火的小型军舰避开了敌军的舰队和漂浮水雷，安全地渡过海，到达英国港口。

几位俄国学者从小型军舰上走下来，看来他们担任着重要的使命，因为他们立刻和一位英国大臣碰面，把自己的任务告诉他。

事情是这样的：这几位俄国学者告诉这位英国大臣，俄国军舰缺少一种重要的作战武器，一种光学上的武器。

大家想像一下，没有经过武装的眼睛，在子弹射程几公里、炮弹射程几十公里的战场上，能够看见什么呢？

如果一支军队没有望远镜、测远器、剪形镜、瞄准器等光学仪器，拥有飞机却没有航空摄影机，拥有高射炮却没有探照灯，拥有潜水艇却没有潜望镜，那么，这支军队就像是瞎眼的盲人。

为了提高俄国军队的战斗力，让他们在战场上“看得见”，必须给他们提供一种东西：玻璃——光学仪器上使用的特殊玻璃。

当时，全世界只有三家工厂在制造光学玻璃，三家工厂都严格保密，不把制造光学玻璃的方法泄露出去。其中，最大的制造光学玻璃的工厂是德国的。

另外两家工厂是：英国的钱斯光学玻璃工厂，法国的蒙图阿光学玻璃工厂。

不过，这两家工厂生产的光学玻璃有限，没有办法提供给俄国。

俄国学者希望英国大臣答应把制造光学玻璃的方法告诉他们，以便在俄国生产光学玻璃。

不过，英国大臣拒绝了俄国学者的要求，把他们送到了法国。

在法国，俄国学者有了一个充分的理由，而且是非常重要的理由。

当时，法国的命运正处于关键的时刻：德国人正在攻打凡尔登。法国人希望得到俄国军队的援助，法国将领恳求俄国军队帮忙作战。

俄国学者说：请你们把制造光学玻璃的方法告诉我们。

不过，蒙图阿（Montac）坚决不同意。

法国总统答应俄国学者要亲自出马，设法劝服蒙图阿答应俄国学者的要求。

俄国学者再次去拜见顽固的蒙图阿，把种种理由陈述了一遍，并愿意用100万法郎交换制造光学玻璃的方法。

早期双筒望远镜

蒙图阿安静地听着，一句话也不说，只是脸色越来越难看。最后，蒙图阿说，他已经为祖国牺牲了很多，他唯一的儿子在凡尔登战役中战死了，他不想再做任何牺牲了。

蒙图阿继续说，这些谈话导致他情绪激动，但制造光学玻璃需要心平气和。最后，蒙图阿坚定地说，如果不能让他永远保持平静，他就停止制造光学玻璃，甚至对法国也是如此。

俄国学者觉得没有办法说服蒙图阿，他比法国总统还要强势，产生了离开法国的念头。

于是，俄国学者收拾自己的行李，再次前往英国……

这个故事暂时就说到这里。

制造光学玻璃的方法到底是什么呢？我们只想弄清楚这个问题的答案。当时，为什么只有几个人知道这个方法呢？

想要找到这个问题的答案，还得从头说起。

7.2 光波和玻璃

一般情况下，人们总是喜欢拿海水的波浪和光波进行比较。实际上，在这个类比中，两者的差异远远多于相似的地方。就以大小而言：光波和水波的对比，就像是细菌和人体的比较。

在一个小时内，波浪前进的路程是几十公里，最多是 100 多公里；在一秒钟内，光波就能够前进 30 万公里。海水的波浪是沿着一个方向前进的；光波则是向四面八方延伸的。当海水的波浪在行进的道路上碰见障碍物时，例如珊瑚礁，波浪无法穿越过去，只能被撞回来；光波可以穿越各种障碍物，例如玻璃，继续向四周扩展。

光学的特性就是：在光波前进的道路上，放上一种特殊的障碍物，用来改变光波前进的方向。

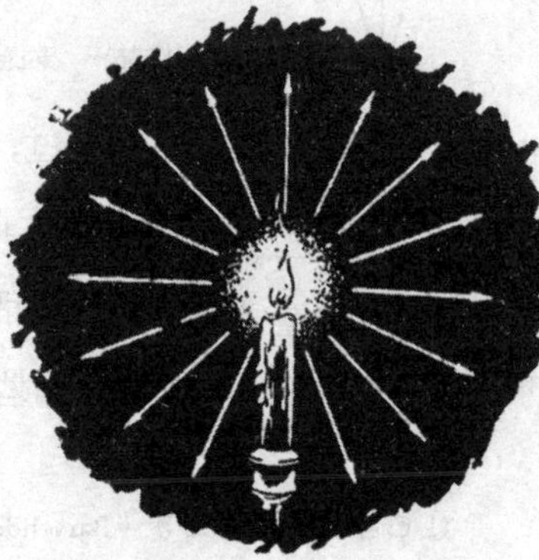

例如，放上一面镜子：等到光波碰到镜子之后，就会被反射，沿着另一个方向前进。

或者放上一块左边要比右边薄一些的玻璃：光线在玻璃中的传播速度要小于在空气中的传播速度，大约是三分之一。由于左边的玻璃比较薄，所以穿过它需要的时间比较短，光波比右边的先跑出来，导致光波向右侧偏斜，改变了传播的方向，不再沿着原来的方向前进。

或者放上一块中间越来越厚、边缘越来越薄的玻璃：当光线通过玻璃时，边缘的光线通过得比较快，中间的光线通过得比较慢。光波透过这种玻璃时，逐渐聚集在一起。

这样，在光波前进的道路上摆放不同的玻璃，可以按照人们的想法来改变光波的前进方向。光波波长非常短，一厘米的距离就可以摆放几万个；光波的行进速度很快，从太阳来到地球只需要短短的8分钟。不过，只要掌握了光波的活动规律，人们就可以充分地利用它。

可是，只有把玻璃的形状制造得非常正确，没有一点偏差，而且这些玻璃没有凹凸的时候，光波才会被人们所控制。

不过，什么是凹凸呢？对于一头大象来说，一条石子路就是无比平滑的；对于一只细菌来说，玻璃板也不是平坦的，上面有着高山、深谷、悬崖等地带。

当我们讨论光波的时候，我们绝不能把它当作大象，而是要当作细菌。对于光波而言，玻璃上非常小的、肉眼看不见的凸起，就像是崇山峻岭。

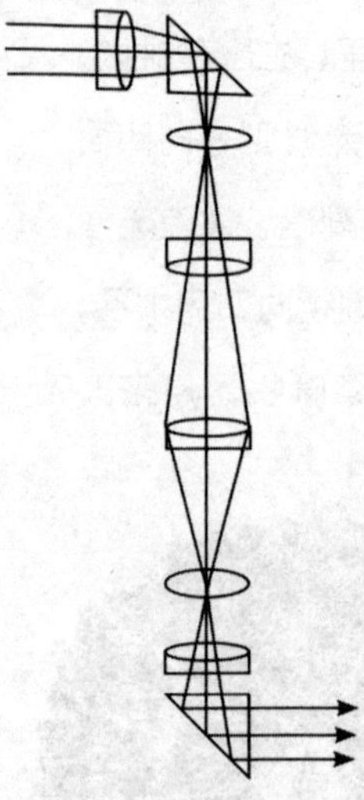

光线在潜望镜中的折射情况

在前面，我们说过了制造镜子的玻璃的磨平、磨光的方法。不过，应用在光学仪器上的镜子和透镜，打磨的方法更加细致。想要把一块玻璃打磨得非常光滑，就连细菌也觉得是平滑的，的确不是一件简单的事情，是难以完成的工作！难怪大哲学家斯宾诺莎①、科学家牛顿等伟大的学者，都被这种工作深深地吸引着。

不过，不仅要把玻璃的表面弄得无比光滑，还要把玻璃的内部弄得非常“光滑”才行。

这句话是什么意思呢？当然，玻璃的内部没有凹凸不平的地方，但有些地方对光波的阻力比较大。只要玻璃的成分有一点点

①巴鲁赫·斯宾诺莎（Barachde Spinoza,1632 ~ 1677年），荷兰著名的哲学家，西方哲学史上重要的理性主义者，与笛卡儿、莱布尼茨齐名。

的差异，光波就不会沿着指定的方向前进，而是发生倾斜，跑到其他的地方去了。

7.3 纯净的玻璃

你有没有透过玻璃碎片观察过东西呢？透过玻璃碎片来看人，人的样子发生了扭曲，有一张歪歪斜斜的脸，看起来像一把茶壶，或者长长的宝塔。

为什么会这样呢？因为这种玻璃熔炼得不够均匀。玻璃是用十几种物质混合在一起熔炼成的，因此，如果某一滴玻璃液中的某种物质多一些，另一滴玻璃液中的某种物质少一些，就会出现上面的情况。而且，玻璃上的每一点也是各不相同的，光线在每一毫米上的折射情况都不同。

当然，制造镜子的玻璃要比普通的玻璃好很多。

商店橱窗上的玻璃都是很好的玻璃，看起来非常洁净、匀称。不过，在某种程度上，这种玻璃也会折射光线。实际情况是：这种玻璃的任意一小块，总是和它周围的玻璃不同。

我们找来一块制造镜子的玻璃，放在对光的地方研究一下。

我们会看见什么呢？首先，我们发现了许多小气泡。

在熔炼玻璃时，玻璃液咕噜咕噜地沸腾着，释放出许多气体。等到冷凝的时候，这些气体不一定都跑到外面去了，玻璃液中会残留一些气体，被紧紧地束缚住，变成了非常小的气泡留在玻璃中。

有时候，我们会在玻璃里面发现极其细小的灰色小石子，这是细碎的沙子和石灰，在熔炼时没有熔化掉。这些小石子被埋藏在玻璃中，一直保存在里面，不会变形，更不会损坏，等到玻璃被打碎时就会出来。

在玻璃中，我们还会发现一些透明的小疖子，以这些小疖子为中心，向四周发出许多线条。小疖子是玻璃的疖子，线条是玻璃的纹路，这是制造镜子的玻璃的特点。如果把玻璃放在一张纸上，纸张上面画满了细小的平行线，就可以清楚地看见玻璃上的疖子和纹路。

即使是一块上等的玻璃，只要仔细地观察，也会发现许多瑕疵。

无论是小气泡和小石子，还是小疖子和线条，都可以改变光波的前进方向。

如果用制造镜子的玻璃来制作显微镜，那么，这种显微镜不能用来观察微小的东西，因为被放大后的形象是不准确的，而且到处是朦朦胧胧的黑斑。

可是，怎么样才能熔炼出比制造镜子的玻璃更好的玻璃呢？

在自然界中，有一种玻璃的性能很好，纯洁性、透明性、对光线的折射率等方面都比制造镜子的玻璃高许多：这就是水晶。见过水晶之后，你就会知道制造镜子的玻璃是无法和它相提并论的，因为制造镜子的玻璃是如此暗淡无光。

多少年来，玻璃制造专家一直想要熔炼出水晶玻璃。在 300 多年前，终于制成这种玻璃，而且是在偶然的情况下成功的。

当时，英国的玻璃业正处于用煤块代替木柴的阶段。有时候，煤烟会落在烧罐中，导致熔炼的玻璃是黑色的。

人们利用密闭的烧罐来熔炼玻璃，黑颜色没有了，但玻璃也没有达到要求。于是，人们往玻璃液中加入一些铅。

果然，玻璃熔炼成功了。不过，这时又出现了新的问题：虽然玻璃熔炼得很好，却带有淡淡的黄色。

为了去掉这种颜色，英国人尝试了许多种方法。

有一次，他们把苏打换成了碳酸钾（一种粉末状的物品，和苏打一样能够用来清洗东西），然后放在玻璃液中。

不久后，玻璃熔炼成功了，不再有淡淡的黄色。

用这种玻璃制成的大酒杯，人们觉得无比惊奇：大酒杯像金刚钻一样闪亮。轻轻地敲一下大酒杯的边缘，便会发出清脆的响声，类似于银器发出的声音。就各种性质而言，这种新型的玻璃和水晶很相似。

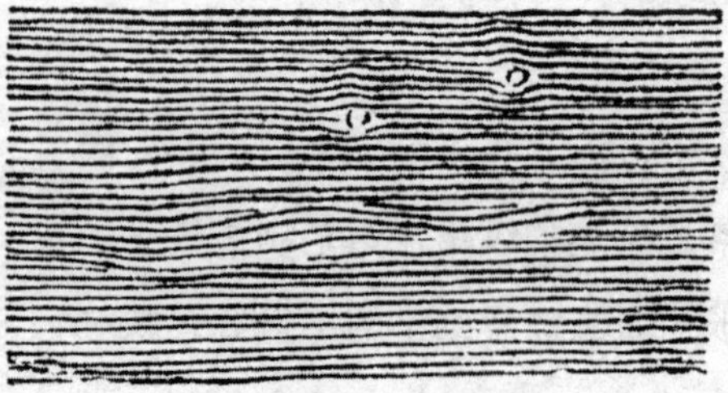

玻璃中的疖子和纹路

其实，这就是一种水晶，用人工方法

做成的水晶。英国人把这种新型玻璃叫做铅玻璃（Lead glass）。

这件事情发生的时间是1635年。

很快，水晶成为艺术家们最喜爱的东西。人们用水晶来制造各种各样的酒杯，还在酒杯的外面刻着精致的花纹。艺术家们使用铜质小磨轮和金刚钻，在水晶上不仅刻出各种图案，还刻出完整的图画：风景图、打猎场景、城市风光，等等。

德国的一位艺术家，曾经在一只高脚酒杯上，刻出了纽伦堡全图。这不能再称为图画，而是栩栩如生的纽伦堡城。如果用一个放大倍数很高的放大镜来观看，可以清楚地看见纽伦堡的房屋，还有市政府的高楼。

另一位艺术家，竟然在水晶玻璃上面刻出了整幅人像，美轮美奂。

水晶玻璃是艺术家们的心爱之物，也是让他们发挥才能的舞台。

学者们更加重视水晶玻璃，因为它比普通玻璃好得多，价值也高得多。

后来，人们熔炼出了不含铅的玻璃，这种玻璃被称为上等玻璃。

光学仪器上的透镜，使用的就是这种玻璃。其实，这种玻璃的缺点是：质地不均匀，纯洁度不高。

如果可以把这个缺点消灭掉，那么，光学仪器的质量会大大提高。不过，怎样才能消灭这个缺点呢？

许多学者和工程师都在努力思考，但就是想不出解决的办法。有经验的玻璃制造者都是这样想的：玻璃中有气泡是无法避免的事情，就像出过天花的人的脸上会留下痕迹，这是很正常的现象。

不过，法国有一位钟表匠，他的名字叫纪南，他能够制造出非常好的玻璃，里面几乎没有气泡和疖子。

纪南没有把制造玻璃的方法告诉任何人，只是在临死之前，把它传授给他的儿子们。于是，这个秘密一代代地传下去，一直传了好几百年。

纪南的才能和他本人一起消失了。

留给后人的只是制造上等玻璃的方子，这些方子让他的子孙后代积累了大量的财富，因此，他们把这些方子当成是传家之宝。当然，纪南的子孙在这些方子中补充了一些内容，但始终不敢有所偏离。而且，他们没有必要去改革创新，因为没有竞争对手。

19世纪末，出现了一个竞争者。在德国，有一位纺织工人的儿子叫恩斯特·阿贝（E rnst Abbey 1840年～1905年），他是一位著名的光学家，不仅改善了所有的光学仪器，也完善了光学玻璃。

阿贝的发明被德国的蔡司－绍特公司买下来。阿贝去世后，这方面进步变得缓慢起来。不过，蔡司公司的制造方法严格保密，就像纪南的子孙保护自己的传家宝一样。

世界各国迫切需要各种光学仪器：照相机、眼镜、潜望镜、显微镜等。但是，当时全世界只有三个工厂会制造光学玻璃：一个工厂在法国，另一个工厂在德国，最后一个工厂在英国。

7.4 消除气泡的方法

1916年，俄国学者再次来到英国，终于实现了自己的目的，得到了制造光学玻璃的方法。不过，俄国为了这个方法付出了巨大的代价，俄国政府答应给钱斯厂的厂主25年的特殊权利。虽然这是一个沉重的、苛刻的要求，但当时的俄国没有其他的办法，他们一定要得到制造光学玻璃的方法。

于是，俄国也建造了一座制造光学玻璃的工厂，踏上了制造光学玻璃的旅程。

钱斯的方法究竟是什么呢？更确切地说，纪南的奥秘到底在哪里呢？

原来，熔炼玻璃的时候，烧罐中要常常有旋风，熔化的玻璃液要不停地打旋。因此，要用长长的棍子不断地搅拌玻璃液。

当然，不能用木棍搅拌，因为木棍会被烧坏；也不能用铁棍搅拌，因为铁棍也会被熔化掉；所以只有使用耐火材料制成的东西。

搅拌的时间很长，必须连续搅拌好几个小时。在玻璃液开始凝固的时候，搅拌的困难度大大提高。不过，由于搅拌的作用，玻璃中的各种物质均匀地混合在一起，熔炼出来的玻璃没有小气泡、小石子、疖子、线条等瑕疵。

第 8 章 人类的眼睛

8.1 两块特殊的玻璃

许多人会戴着两块特殊的玻璃，那就是眼镜。近视的人每天都戴着眼镜，只有晚上睡觉的时候会摘下来。有些人在阅读书籍的时候需要戴上眼镜，这些人是远视眼（老花眼），大多数是年龄比较大的人。

让我们想像一下，如果全世界制造眼镜玻璃的人都改行不做了，那么，无数的近视者和远视者怎么办呢？这些人的正常生活会被打乱，他们不能工作、不能阅读、不能书写，他们会变得像废人一样。

200 多年以前，罗蒙诺索夫写下的诗句正确地表达了眼镜玻璃的重要性：

失去阅读能力，心灵会变得干涸；

像是待在永远的黑暗中，像是被枷锁紧紧束缚；

时光变得令人憎恨，快乐成了深深的渴望；

在这种困境中，玻璃给我们带来了希望。

8.2 用双手制成的玻璃

眼镜给了我们正常的视力，让我们能够尽情读写。

曾经，在很长一段时间里，人们不知道眼镜的作用，而这段时间距离我们现在并不是很遥远。古罗马的作家西塞罗和斯苏维托尼马斯在后期的著作中表示，他们由于年老已经看不清东西了，无法自己阅读和写作，必须随身携带着奴隶，帮助自己阅读或者写作。古时候的作家，多么需要一副眼镜啊！

我们知道，罗马人能够用玻璃制成样式各异的精美物品，难道他们从来没有发现，凹凸玻璃能够改善人们的视力吗？

的确，他们没有注意到这一点，而且不可能注意到。因为当时的玻璃很浑浊，里面含有大量的小气泡等其他的杂质。透过这种玻璃，无法看清楚任何东西，当然不能用来制造眼镜。

在罗马的历史长河中，只有一次制造出了眼镜，确切地说，它不是一副眼镜，而是一个单眼镜片。而且，制作这个单眼镜片的材料不是玻璃，而是翡翠：把一块翡翠打磨得又薄又光滑，镜片是凹状的。在观看角斗士们决斗的时候，近视眼的尼禄借助的就是这个单眼镜片，他把一只眼睛闭起来，另一只眼睛透过这个单眼镜片来观看比赛。

当然，只有国王才能使用翡翠制作成的单眼镜。不过，翡翠不一定能够提高视觉，因为它的颜色是翠绿色，而且透明度比较差。

尼禄时代的 1300 多年后，终于出现了玻璃眼镜。

眼镜是谁发明的呢，我们难以查证到。我们只是知道，意大利是最早出售眼镜的。

开始时，制造眼镜的方法严格保密，只有极少数的几位技师知道。那时候，需要花费 1000 金卢布才能买到一副眼镜，而且购买者还无比兴奋……

早期的眼镜

眼镜发明之后，又出现了新的问题：如何使用呢？为了解决这个看起来相当容易的问题，却花费了300多年时间。

最初，眼镜挂在帽子上，跟帽子组成一个整体。不过，这样的组合不是十分方便：当你想要阅读或者写作的时候，一定要戴上帽子。

后来，把眼镜玻璃放在铁圈中，用一根铁丝把这个铁圈连接起来。这样的眼镜类似于夹鼻眼镜，但它没有夹鼻眼镜上的鼻夹，所以总是从鼻子上滑下来，需要常常用手扶着它。

人们还制作过皮带眼镜。在一条皮带上挖出两个圆孔，把眼镜玻璃放到圆孔上，然后把皮带的两端在脑袋后面系牢。

直到16世纪，才发明了类似于现代的眼镜。

那时候，没有眼科医生的帮忙，人们只能自己选配眼镜。眼镜商把所有的眼镜都摆放在柜台上，买主一个个试戴，挑选出适合自己的眼镜。

当时，人们不明白为什么不同的人要佩戴不同的眼镜，也不清楚为什么眼镜能够改善人们的视力。

16世纪末期，天文学家开普勒研究出了视觉的奥秘。他断定，在我们的眼睛中，一定存在一个透明的、两面凸起的水晶体，水晶体的形状决定了可以把透过来的光线聚集起来。

在远视眼中，水晶体的凸出度比较小，聚集光线的能力比较弱。因此，映射在视网膜上的光线比较分散，看到的影像模糊不清。

那么，要如何弥补这个缺陷呢？

这时，人们制作了一个玻璃水晶体，两面凸出的透镜，用来帮助眼睛中的水晶体聚集光线。

在近视眼中，情况正好相反，水晶体的凸出度太大，聚集光线的能力太强。因此，近视眼的人需要的不是两面凸出的透镜，而是两面凹进的透镜。这种透镜的作用是分散光线，使光线像扇子一样散开。

不了解光线的人，常常会有这样的疑问：眼镜的作用究竟是什么呢？是不是具有放大或者缩小的功能呢？其实，眼镜只是用来弥补眼睛的缺陷，使它能够看清楚物体的像……

近几年，制造眼镜的技术有了很大的提高，取得了很好的成就。

例如，隐形眼镜可以直接放在眼皮中，而不是架在鼻梁上。

当然，隐形眼镜也不需要眼镜框。而且，它的形状和眼球的凸出面完全吻合。当你碰到一个戴着隐形眼镜的人时，如果不仔细观察，你就不会发现他正戴着眼镜。这种眼镜精致小巧，不会跌落，更不会摔碎。

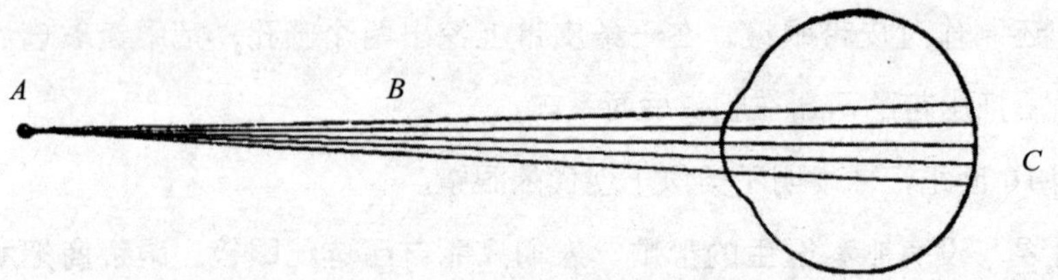

A 代表一个点，B 代表光线，C 代表眼底上的斑点：
如果眼睛里没有晶状体，A 在眼底上的投影就是一片斑点

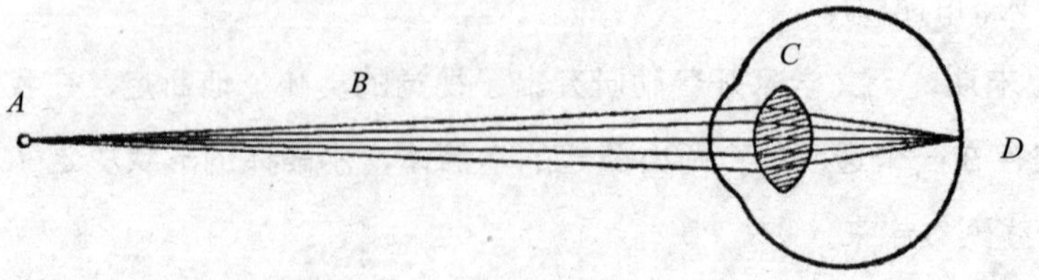

眼睛里的晶状体把一个点上的光线重新聚集成一个点

改正视力缺陷的方法

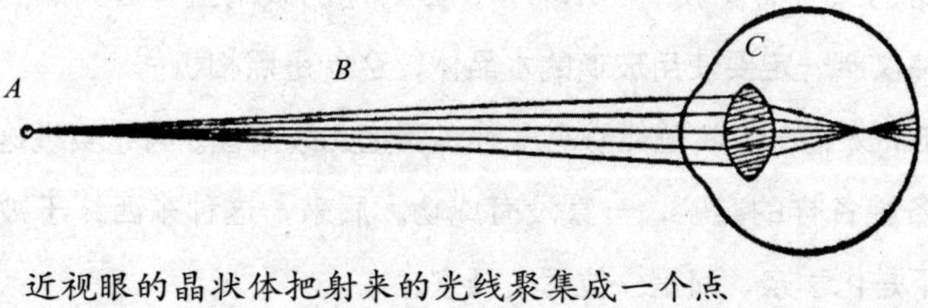

近视眼的晶状体把射来的光线聚集成一个点

集中在眼底视网膜的前面，而不是眼底视网膜上

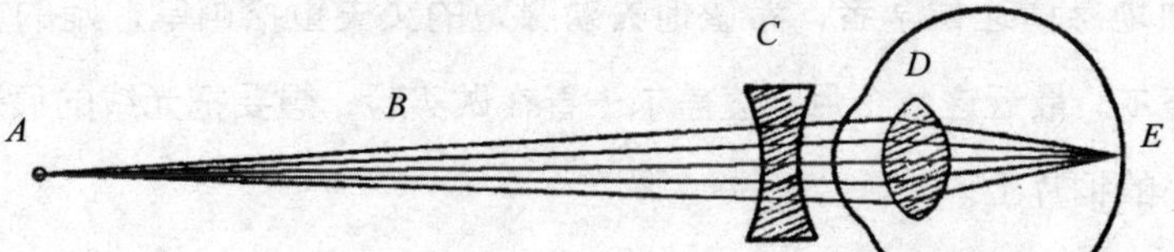

因此，要使用凹透镜来帮忙

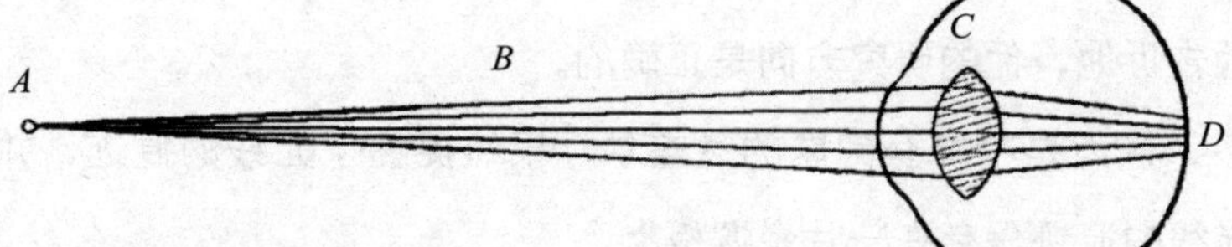

远视眼的晶状体把射来的光线聚集成一个点

集中在眼底视网膜的后面，而不是眼底视网膜上

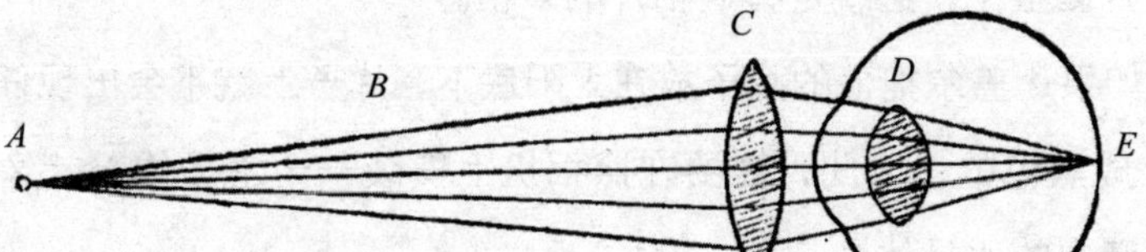

因此，要使用凸透镜来帮忙

8.3 保存下来的光线

视力正常的人不需要玻璃的水晶体，因为他的眼睛里有着天然的水晶体。不过，有一种仪器一定要使用玻璃的水晶体，这就是照相机。

几百年前，人们一直希望能够有一种东西把光线留住。为了实现这个目的，化学家做了各种各样的实验，一直没有成功。后来，这种东西终于被发现了，但发现它的不是化学家，而是一位写生画家。

1827年的某一天，一位年轻妇女慌慌张张地跑到一位著名的法国学者家中，她泪流满面地恳请这位学者，希望他去劝服她的丈夫重拾画笔，她的丈夫是写生画家达盖尔。最近这几个月，达盖尔一直在做实验，想要把光线的痕迹抓住，保存在小小的铜片上。

达盖尔推掉自己的订单，用自己所有的积蓄去向光学家购买昂贵的透镜，去药房购买各种化学物品，夜以继日地在房间里进行研究。

法国学者答应了这名妇女的请求，去劝告他的丈夫。不过，当这位学者了解了达盖尔的工作内容之后，不仅放弃了劝告他的目的，还对他的工作赞不绝口，并且兴奋地告诉他，他的研究方向是正确的。

被许多人认为是精神有问题的达盖尔，果然捉住了光线的痕迹，并且保留下来，把光线的痕迹保存在一片金属板上。

达盖尔在一片铜板上镀银，然后放在水银蒸气中；接着，达盖尔把这张片子安装在摄影机上，光线照射到片子上，上面就会留下黑色的痕迹。于是，第一张金属照片诞生了，这就是普通相片的鼻祖。

不过，如果达盖尔把他的片子放在太阳底下，片子上就不会出现任何影像，而是全部变成黑色的。因此，需要在照相机上安装一个水晶体，就像是人类或者动物的眼睛中的水晶体。

可是，要去哪里寻找水晶体呢？难道把牛或者羊眼睛中的水晶体挖出来吗？

而且，这样的水晶体只能用一两天，时间一长就会腐烂，无法使用了。所以，动物身上的水晶体不可以用在照相机上。

这时，玻璃的水晶体制成的透镜就发挥作用了！如果玻璃工人无法制造出透镜，摄影术就不会出现，达盖尔的发明也没有了。

其实，达盖尔发明的镀银金属板的感光能力比较弱。

路易斯·达盖尔（1787～1851年），法国艺术家和化学家，银版摄影术的创始人

那时候，想要照一张相片真的不容易。首先，摄影师要把一层白色的粉末涂在顾客的脸上，这样照出来的相片才会好一些；然后，摄影师的镜箱一定要对准顾客。这时，脸上涂满白色粉末的顾客要一动不动地坐着，至少要坐半个小时，甚至更久。

许多年之后，照相机的技术有了提高，成为一种准确的光学仪器。现在，照相机中的物镜不是用眼镜玻璃制成的透镜做的，而是采用打磨得非常精致的玻璃。光线的痕迹不再保存在铜板上，而是保存在涂有感光物质的玻璃板或者赛璐珞[①]片上。

现在，照相机的样式多种多样，尺寸有大有小。有一种照相机是袖珍的，大小类似于手表，还可以戴在手上；有一种照相机是巨型机，即使它的组成部分也要使用专门的电动机推动。这种巨型照相机像一间房屋那么大，照出来的相片超过一平方米。

①赛璐珞是合成树脂的名字，是英国人亚历山大·帕克斯发明的，曾经被制成胶片、胶卷。

这幅照片是巴黎第三区圣殿大道，这是达盖尔在 1838 年用银版照相机拍摄的照片。图中是一条繁华的大街，由于曝光的时间比较长，车辆等移动物体无法拍摄下来。有趣的是，图片左下角擦靴子的人，因为站立的时间足够长被拍摄下来，成为了人类史上第一个出现在照片中的人。

达盖尔银版法工艺

1851 年用银板照相法拍摄的法国街道

罗伯特·科赫（1843～1910年），德国的医学家和细菌学家，世界病原细菌学的奠基人。1905年，科赫获得了诺贝尔医学及生理学奖。

在天文学上，照相机的出现帮助人们找到了许多新的星座。即使利用天文望远镜，人们也不能看见发光微弱的星座。如果把照相机和天文望远镜连接起来，那么，眼睛无法看见的微弱星光就会照射到照相机的底片上，经过一段时间的积累，光线就可以在底片上留下痕迹。

当然，这样的摄影需要很长时间的曝光。

100多年前，人们想要制作一张关于星辰世界的摄影图。不过，这个工作太繁重了，任何一个天文台都不能独立完成。结果，这项工作被分配给世界各地的20个天文台，每个天文台负责一部分天空。一共拍摄了四万多张照片，这个工作到现在还没有完成，依然在进行着。

这幅巨幅照片完成之后，上面的星座将近3000万个，要比人们用肉眼看见的多10000倍。这将是天文学上的珍贵资料，非常准确的宇宙图。

德国著名的微生物学家罗伯特·科赫，第一个提出把照相机和显微镜结合起来。当科赫发现了结核杆菌时，他想把它们的样子画下来，以便其他的学者参考。不过，他始终不能画得非常准确。于是，他决定给结核杆菌拍照。科赫把照相机连接在显微镜上，拍出来的照片果然很清楚，大家都可以看清楚结核杆菌的样子了。

此后，在使用显微镜的时候，总是有显微照相术在帮忙。

现在，飞机上也在使用照相机，从高空拍摄地面的情况。航空照相术，不管是战争时期，还是和平年代，都是一门非常重要的科学。

照相机有一个亲密的兄弟，那就是电影摄影机。电影这个艺术能够存在，要归功于玻璃的水晶体制成的聚集透镜。如果没有玻璃，就不可能出现照相机和电影摄影机。

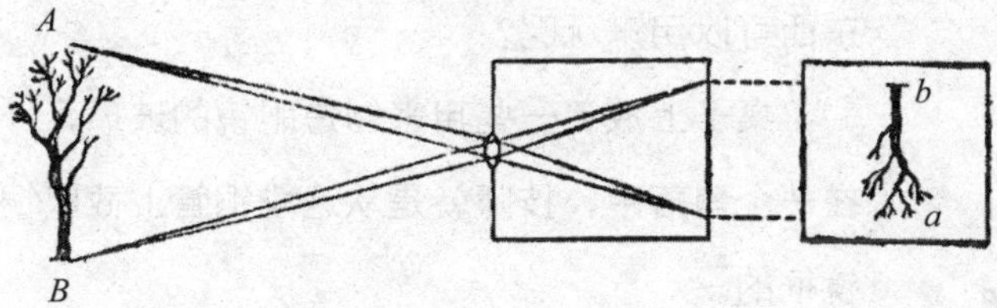

摄影机中影像的形成

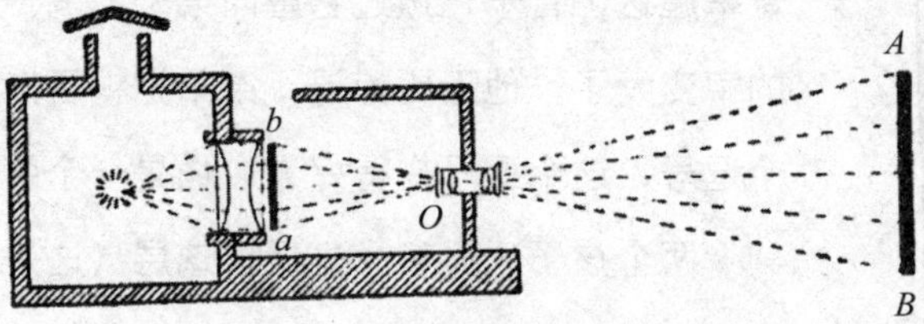

幻灯。ba，幻灯片；o，物镜；AB，屏幕上呈现的像

摄影机在拍摄花朵的生长状况

8.4 放大管

400 多年前，荷兰的米德堡城（Middelbug）里有一位技师，他的工作是打磨眼镜片。他认真地打磨着玻璃，制造出各种各样的眼镜，然后卖给有需要的人。他有两个儿子，他们很喜欢偷偷去父亲的作坊中玩耍，玩弄里面的工具和玻璃片，但父亲禁止他们这样做。

有一天，父亲外出了，两个孩子又来到他的作坊中，想看看有没有新鲜的东西可以用来玩呢？

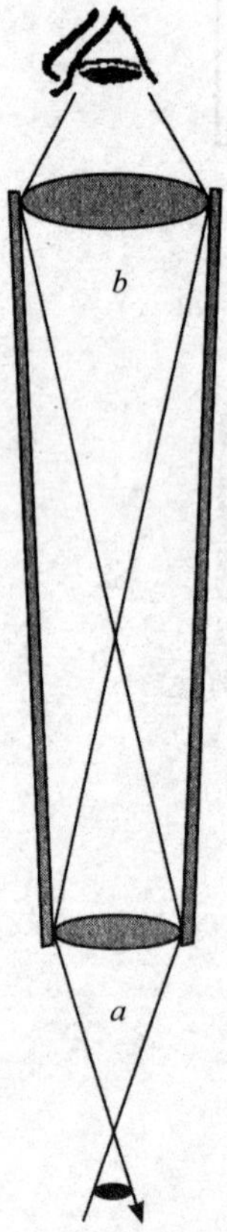

最简单的显微镜：
a 是物镜，b 是目镜

桌子上放着一些用来制造眼镜的玻璃，一段铜管丢弃在一个角落中，技师就是从这段铜管上截取铜丝来制作眼镜框的。

两个孩子在铜管的两端各装上一个玻璃片。然后，哥哥拿起这个管子，透过它望向桌子上的一本书，看见书上的字变大了，他无比惊讶。弟弟把铜管接过来，去观察一个逗号，这个逗号变得好大，像是一个胖嘟嘟的蝌蚪。

两个孩子透过管子去看玻璃层（这是父亲磨玻璃片时掉下来的），看到的不是玻璃层，而是无数的玻璃颗粒。

这个管子像是一个神奇的魔管，能够把看见的物体放大许多倍。

兄弟两个把自己的发现告诉了父亲，父亲也对这个魔管充满了好奇，从而没有责怪孩子们。

父亲把同样的玻璃安装在另一个管子上，这个管子长长的，还可以伸缩。结果，这个管子的放大倍数更高。

这就是世界上的第一具显微镜。1590 年，一位叫做亚斯 · 詹森（Hahs Lippershey,1570 ~ 1619）的磨眼镜片的技师制造的。确切地说，是他的孩子无意中发明出来的。

不过，显微镜为什么能够把物体放大呢？

在詹森的显微镜中，安装了两个聚集透镜，它们之间有着一段距离。其中的一个透镜是显微镜的水晶体，把它靠近物体的时候，它会放大物体的影像；另一个透镜把物体的影像放得更大，它的作用类似于放大镜。

一个玻璃制成的水晶体，一个放大镜，这就是显微镜的基础部分。

玻璃制成的水晶体前面放的是需要观察的物体，所以显微镜的这一部分被称为物镜；人的眼睛靠近放大镜观察，所以显微镜的这一部分被称为目镜。

这样一来，物体可以被放大许多倍。例如，物镜的放大倍数是 20 倍，目镜的放大倍数是 10 倍，那么，这具显微镜的放大倍数是 20×10=200 倍……

不久后，詹森的发现就传开了，不仅荷兰的学者知道了，其他国家的学者也知道了。

许多学者前往荷兰的米德堡，有些人想要订购，有些人只是想观看一下。

1592 年，詹森的某一位访客——博物学家葛弗那格尔，完成了著作《论昆虫类各种小生物》。在这部作品中，葛弗那格尔告诉大家，通过显微镜可以观察到微生物。

不过，初期的显微镜有着明显的缺陷：观察到的物体的影像模糊不清，像上还有一些多种颜色的条纹和彩虹一样的光芒；用这种仪器来观察很复杂，如

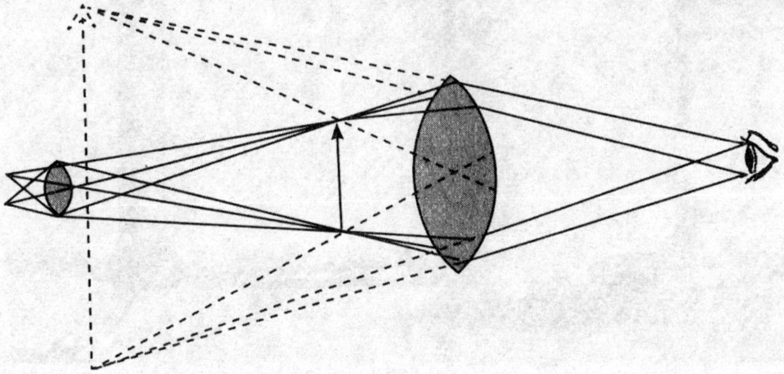

显微镜的组成原理

果不仔细观察，在光和影、五彩的光辉和暗淡的斑点交织成的图像中，根本看不见任何东西，必须要依靠极大的耐心和丰富的经验，才能够分辨出物体的影像。例如，蜘蛛的脚是什么样的，苍蝇的大颚是怎样组成的，等等。

有些学者尝试着制造放大倍数更高的显微镜。他们用不同的方法把各种透镜放在铜管中，有时候会提高放大倍数，但颜色的条纹和彩虹似的光芒也变多了，几乎把物体的影像全部遮住。

因此，学者们只好采用其他的办法来提高显微镜的放大倍数：他们加大了水晶体和放大镜之间的距离。

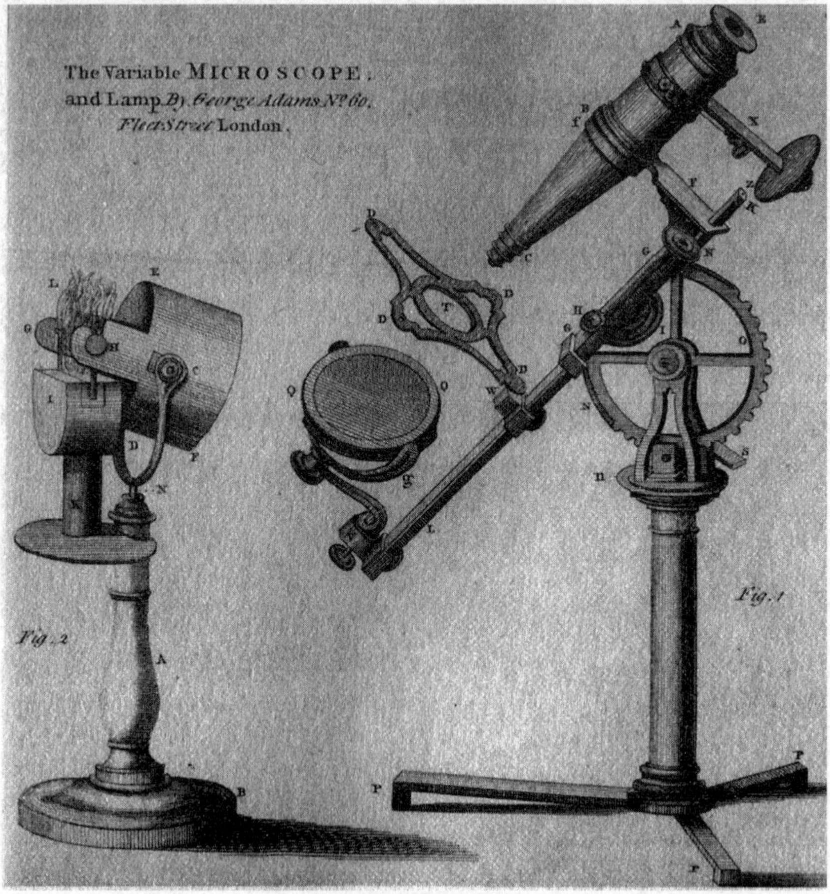

早期的可变倍数显微镜

这时，观察到的物体的像果然增大了，但也变得更模糊不清。

真是太遗憾了：光学技师花费了很长时间小心翼翼地打磨出两片非常好的透镜，然后认真地把它们安装在铜管中。按照大家的想法，这具显微镜的放大倍数一定很大，只要透过它一看，就可以看到从未见过的自然景观和生物秘密了。

不过，大家的想法没有实现，希望变成了失望。

这具显微镜的放大倍数是 100 多倍，但看到的影像模糊不清，完全是朦胧的一片，上面布满了各种光辉。

怎么会这样呢？要如何解决这个问题呢？光学家们苦思冥想。

后来，光学家们放弃了两块玻璃和铜管做成的显微镜。他们开始把一个小玻璃放在金属板上，来提高放大的倍数。不过，小玻璃的磨制不是一件简单的事情，花费了许多工夫。

这些透镜的大小类似于豌豆粒，放大的倍数是 100 倍，甚至更多。

其实，这种仪器是高倍放大镜，而不是显微镜。

荷兰代尔夫特市政府的一位看门人叫列文虎克，他是一个有着坚定毅力的人，学会了磨制透镜的方法。只要他下定决心，想要磨制出精致小巧的透镜，那么，他就一定能够成功。

列文虎克花费了好几个星期的工夫，磨制出了一个像大头针的针头那么小的透镜，把它镶嵌在一个木板的小洞中。然后，他用一根大头针把手指头碰到的各种东西，例如，肉纤维、苍蝇头、牲畜的毛发等，放到小透镜上去观察。没想到，这个小透镜竟然能够放大 160 多倍。小透镜把一根细细的羊毛变成了粗壮的杆子，上面还有许多毛；用它观察苍蝇的头，看到了许多线条和管子。

不过，用这么小的透镜来观察东西，时间一长就会非常疲惫。每到傍晚的时候，列文虎克就觉得头晕眼花，浑身无力。他总是发誓，再也不要做这种吃力的事情了。可是，第二天早晨，他又坐到小透镜旁边去了。

有一次，列文虎克用玻璃棒在房门前的小池塘中蘸了一滴污水，然后用小透镜去观察这滴污水。这一次，他见到了奇妙的景象！在这滴污水中，竟然有

安东尼·凡·列文虎克（1632～1723年），荷兰著名显微镜学家，微生物学的奠基人

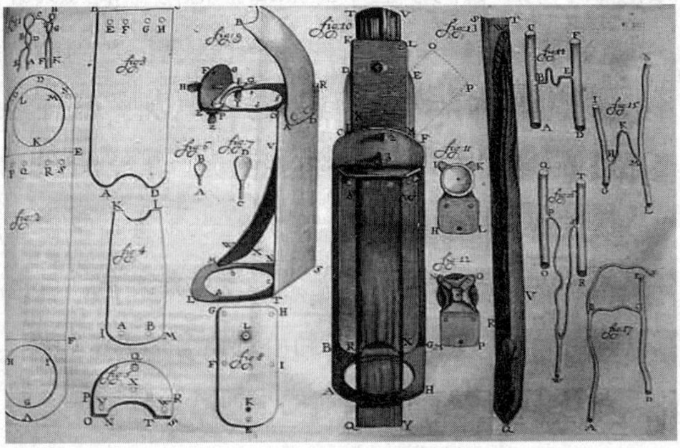

列文虎克制成的显微镜

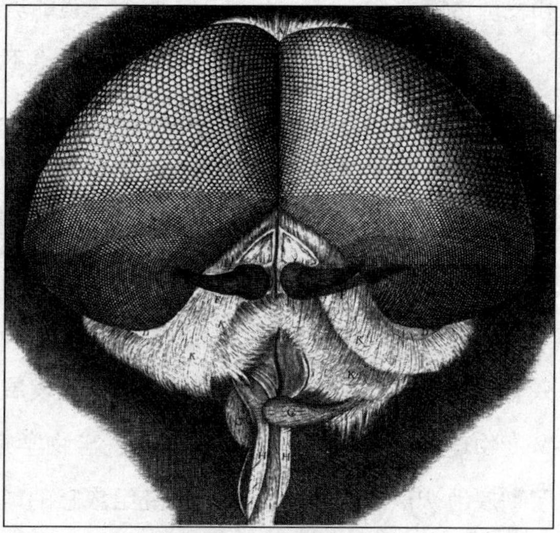

苍蝇头放大后的样子

无数的“小怪兽”在不停地“奔跑”：有毛茸茸的怪物，有卷着触须的圆球，还有奇形怪状的花朵。这些生物一直在运动，拖着它们的小尾巴，相互攻击，相互吞食。

这是一个新的生物世界。在列文虎克之前，谁也没有见过这些生物。

然而，在这些生物中（后来才知道），存在着人类的敌人，存在着危险却无法看见的怪物。它们进入人体之后，迅速繁殖，给人带来疾病或者死亡。

列文虎克把自己的发现整理成报告，然后交给了英国皇家学会。当时，伟大的物理学家牛顿和化学家波义耳都是皇家学会的人。开始时，皇家学会对列文虎克的报告持否定的态度，他所说的关于看不见的生物世界的内容太匪夷所思了！

后来，皇家学会指派会员罗伯特·胡克去制造一具显微镜，来验证列文虎克的报告是不是真的。

1677年1月15日，胡克带着自己制造的显微镜来到皇家学会。大家用它来观察一滴辣椒水，在里面发现了许多生物，这才相信了列文虎克的报告。

此后，许多学者开始投入到这个看不见的生物世界，研究各种奇妙的现象。光学家想要研制出放大倍数更高的仪器。许多人想到用增加透镜的方法来提高放大倍数，但这些尝试失败了，以前的问题再次出现：物体的影像上面出现了许多彩虹，导致影像模糊不清。如果能够把彩虹去掉，问题就解决了。

终于，英国著名的光学家兼玻璃学家多伦德做到了这一点。他把聚集透镜和发散透镜放在一起，而制造这两个透镜的玻璃是不同的。

这样制成的透镜的放大倍数提高了，也不再出现彩虹。

现在，已经有了放大倍数很高的显微镜，上面安装了许多个透镜。

如今，显微镜成了学者们的眼睛，是研究微生物世界的重要光学仪器。

对于生物学家来说，没有了显微镜，就无法观察细胞，不能研究细胞的秘密。要知道，所有的动植物都是由细胞构成的，人类是，蜥蜴是，树木也是。

医生经常要和疾病打交道。大部分的疾病是由细菌引发的，细菌是微小的，只有借助显微镜才能看见。因此，医学的发展也离不开显微镜。

物理学家、化学家、地质学家、矿物学家的工作也需要显微镜的帮忙：为了彻底地认识一种物质，必须研究组成它的最小单位结晶体。

即使是工程师，也要用到显微镜。

我们知道，现代战舰是一个巨大的建筑物，排水量数万吨，钢甲的厚度大约是 50 厘米。

可是，大多数人不知道，在制造战舰之前，要用显微镜来检验钢板的质量，因为金属的结晶体结构决定了它的强度。

想要把显微镜的功能一一讲述出来，那是不可能的。总之，现在的每一门科学，都离不开显微镜的帮助，因为它能够告诉你物质的结构，引领你发现物质内部的秘密。

没想到，玻璃的水晶体和放大镜结合起来，竟然有这么大的作用！

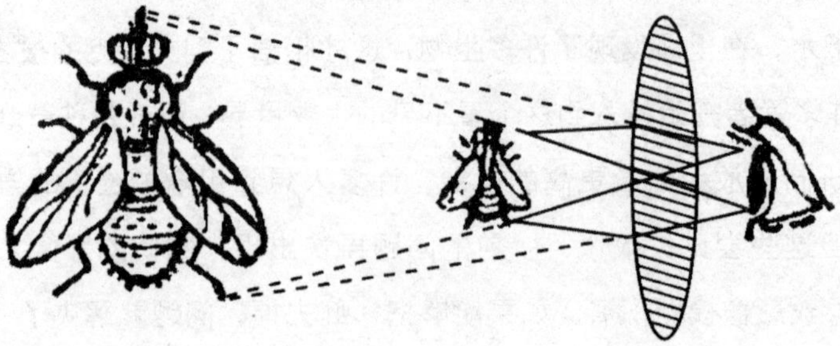

凸透镜的放大原理

8.5 光谱

在2000多年的时间中，学者们一直认为光明和黑暗混合在一起形成了颜色。例如，蓝色是黑暗多于光明，黄色正好相反，是光明多于黑暗。

根据这个推论可以得知，世界上只有黑色和白色两种基本颜色，其他的颜色都是它们按照不同的比例混合成的。当时，大家都是这样想的，却从来没有人想去证明，把某种颜色分解成白色和黑色，也就是所谓的光明和黑暗。

第一个去证明的人是伟大的数学家兼物理学家牛顿，结果表明，这个推论是错误的。

1666年，这时的牛顿是24岁，已经开始研究太阳光了。

牛顿用厚重的布帘遮住房间中的所有窗户，使房间中呈现一片黑暗。然后，他在窗帘上挖一个小洞，让一束阳光从这个小洞中射进来，在白色的墙壁上投下一个小圆点。

在靠近窗户的地方，牛顿放置了一个玻璃制成的三棱镜，三棱镜的尖端朝下。

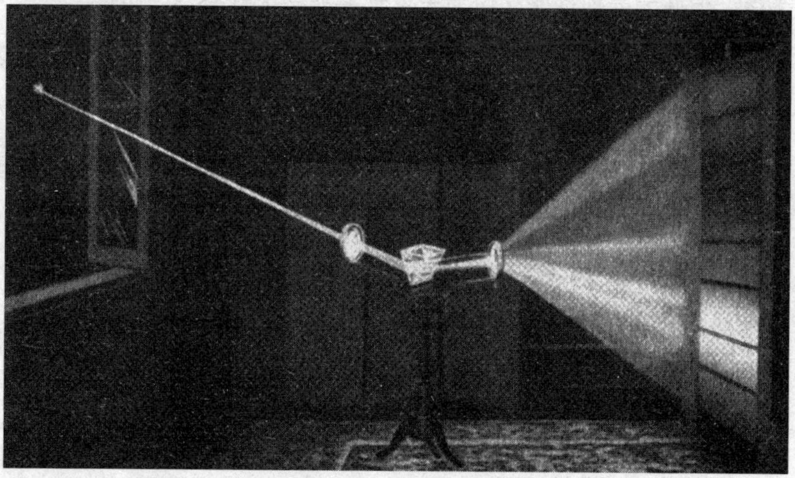

紫
蓝
青
绿
黄
橙
红

牛顿光的散射实验

而且，三棱镜就在光束的前进道路上。也就是说，在光束照射到墙壁上之前，要先穿过这个三棱镜。

那么，三棱镜的作用是什么呢？

通过前面的内容，我们可以知道，三棱镜具有折射作用，可以改变光线的前进方向。不过，三棱镜还有一个作用，那就是光线的颜色不同，折射的程度也不同。

如果这束光线的颜色是一种，那么，它穿过三棱镜之后还是那种颜色，只是改变了前进的方向。不过，如果这束光线的颜色是好几种，例如，紫色、红色、绿色等，那么，不同颜色的光线在穿过三棱镜之后要分开，各走各的路：紫色的光线偏折得最多，红色的光线偏折得最少，绿色的光线在中间。原来混合在一起的各种颜色的光线，穿过三棱镜后就被分开了。

牛顿做这个实验的目的就是，想要把大家认为的无法再分的白色日光过滤一下，验证一下大家的想法是否正确。

你大胆地想像一下，牛顿见到了什么现象呢？

这束光线穿过三棱镜之后，出现在墙壁上的不是白色的小圆点，而是七色的彩虹，一条完完整整的彩虹光谱。

就这样，牛顿的发现证明了以前大家关于颜色的解释是错误的。

大家认为的基本颜色白色，其实是由七种颜色混合在一起形成的。

我们的眼睛无法分辨出白光中包含的各种颜色，就像不懂音乐的人无法分辨出交响乐团中的各种乐器的声音，例如，提琴、小提琴、笛子等，只是觉得这是一种很好听的声音。

太阳就像是一个交响乐团，人类的眼睛无法看见乐团中的演奏细节。对于人类的眼睛来说，太阳光就是有着耀眼光芒的白色，三棱镜却把眼睛看不到的秘密呈现在我们面前。

牛顿没有想过，其他炙热的物体是不是也会产生光谱？如果可以产生光谱，跟白光产生的光谱是不是相同呢？

直到200多年后，居住在海德堡的化学教授罗伯特·本生才想到了这些问题。

罗伯特·威廉·本生（Robert Wilhelm Bunsen，1811年3月31日－1899年8月10日）男，德国化学家。

本生教授发明了一种特殊的灯，主要用在实验室中，点燃之后可以发出炙热的火焰。本生教授总是把煤屑、盐粒等物质放在火焰上燃烧，甚至金属也能燃烧出现火焰。

有趣的是，不同的物质燃烧时产生的火焰的颜色也不同。

例如，钠燃烧时的火焰是黄色的，钾的火焰是紫色的，锂的火焰是红色的，铜的火焰是绿色的，等等。

本生认为自己发现了非常简单的分析方法：把研究的物质放到灯的火焰上去燃烧，根据这种物质发出的火焰的颜色就可以判断里面含有的物质。如果火焰是紫色的，说明这种物质中含有钾；如果火焰是黄色的，说明这种物质中含有钠。通过普通的化学方法去分析，最少需要两三天的时间，不仅要观察各种化学反应，还要使用烧瓶、烧杯、试管、滴管、天平等化学仪器。而且，化验物还要经过煮沸、过滤、试验、衡量等各种手续。

然而，本生灯只需要几秒钟的时间，观察火焰的颜色就可以知道答案。

不过，事情远远没有这么简单！有时候，不同的物质在燃烧时火焰的颜色是相同的。有一次，本生经

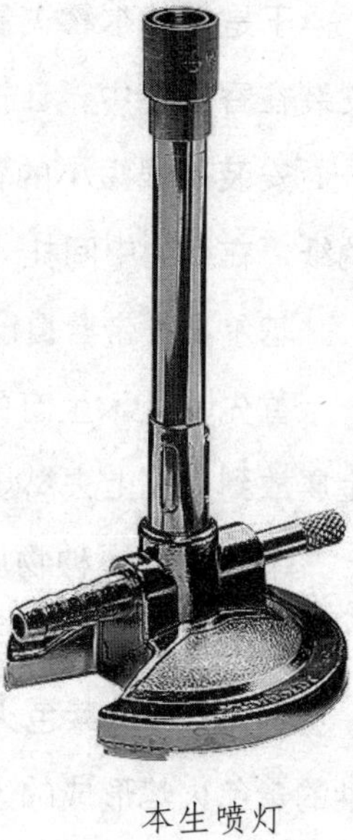

本生喷灯

基尔霍夫（Gustav Robert Kirchhoff，1824～1887）德国物理学家。

过实验记录下这样的内容：锂盐和锶盐的火焰都是紫红色的；纯净的钠盐和含有锂盐、钾盐等物质的钠盐的火焰都是黄色的。

有时候，看起来颜色相同的火焰，其实有着极其细微的差别，只是差别太小了，人们的肉眼无法分辨出来。

本生尝试着透过颜色玻璃来观察火焰，但还是没有效果。本生深深地感觉到，自己的灯无法替代化学分析方法。

幸运的是，居住在海德堡的物理学教授基尔霍夫，不久就来帮助本生了。对于三棱镜能够分解光的性能，基尔霍夫有着深入的研究。

基尔霍夫想到，三棱镜也许可以提供一些帮助，把不同物质的火焰分解成不同的光谱。

于是，基尔霍夫制造了一具特殊的光线仪器——分光仪。他把一个三棱镜安装在香烟罐中，让三棱镜可以沿着自己的中心轴自由转动。在香烟罐的其中一面安装一根短小的管子，管子的一头放上一个凸透镜，另一头贴上一张黑色的纸，在纸的中间扎一个小孔。

基尔霍夫带着自己的仪器来到本生的实验室。

首先，让本生灯的光线照射到分光仪的三棱镜上；然后，把锶、锂、铜等金属放到火焰上去燃烧。

果然，每一种物质的火焰，都形成了独特的光谱。有的物质是一条线，有的物质是几条线，而且线的颜色不同。

例如，钾的紫色火焰形成的光谱是三条线，两条红色的线和一条紫色的线；钠的黄色火焰形成的光谱只有一条线，是黄色的。

分光仪找到了锂和钾这两种火焰的不同之处。虽然这两种物质的火焰都是深红色的，但它们的光谱不同：锂的光谱有两条线，一条鲜明的红线和一条朦胧的黄线；锶的光谱却有五条线，一条蓝色的线，一条黄色的线，一条橘色的线，还有两条红色的线。

原来，每一种物质都有自己的“交响乐团”。在这些“乐团”中，有的拥有两三种乐器，有的拥有七种甚至是更多的乐器。

依据光谱，很容易把两种物质区分出来。就像是每一个无线电台都有自己的呼号一样，每一种物质都有自己的独特结构，都有独特的光谱，独特的“呼号”。

你看，虽然只是一块简单的三棱镜，却能够建立光谱分析方法。这种方法是化学分析中最简单、最方便的方法。没有一种化学方法可以分析出一千万分之一毫克的钠，但只要把含钠的物品放在火焰上燃烧，即使钠的含量非常低，分光仪也能够观察到它的光谱，一条黄色的线条。

有一次，本生在一块岩石中找到了一种物质，这种物质里面含有极少量的锂。这块岩石上生长着一棵灌木，本生推断这棵灌木的叶子中一定含有很少的锂元素，因为它的根能够从岩石中吸取养分。

本生把从灌木上采集的叶子放到灯焰上去燃烧，分光仪显示的光谱中证明叶子中含有锂元素。

于是，本生让一头母牛吃掉一些树叶，然后去检验母牛的乳汁，在乳汁中也发现了锂元素。

本生把一杯牛乳给了母牛的主人，等到他喝下之后，他的血液中也有锂元素，但含量已经非常少了。

因此，本生断定，分光仪一定无法检验出来，因为牛主人的血液中的锂元素的含量太少了，恐怕难以察觉到。

不过，让本生惊讶的是，分光仪在检验牛主人的血液时，我们又见到了鲜明的红线和朦胧的黄线，这就是锂形成的光谱。

在那个时代中，不管是物理学家和化学家，还是医师和工程师，都要使用分光仪。

基尔霍夫和本生发明的分光仪

医师在化验某一种物质时，不是把这种物质放到火焰上去燃烧，而是放在盘子中，加入一定量的水充分混合成溶液。让太阳光透过这个溶液，在光谱的某些地方就会出现一些暗线，根据这个暗线的位置，就能够确定这种物质的成分。

健康人的血液，在太阳光谱的黄色部分有两条暗线。如果某个人的症状是煤气中毒，那么，两条暗线会跑到紫色的光线中去，并且其中一条暗线变得狭窄；如果某个人的症状是苯胺中毒，那么，他的血液中会出现三条暗线，在光谱绿色部分的暗线是最宽的一条。

冶金工程师可以利用分光仪判断金属的强度。

不过，分光仪在天文学上的应用最广泛。

100 多年前，法国的一位哲学家断言，人类可以在任何方面取得巨大的成就。不过，只有一件事情无法弄清楚，那就是太阳和星星是由什么物质构成的。他觉得，这将是人类史上无法超越的界限，人类永远无法触及的部分。

当时，谁也没有办法研究太阳和星星的组成，因为不可能从它们身上切下来一小块，然后拿到实验室去分析。

但是，小小的三棱镜打破了那位哲学家的推论，当时人们觉得无法实现的事情，现在已经可以做到了：分析透过三棱镜的星光形成的光谱，我们就可以知道星星是由什么物质构成的。

这样，三棱镜又促进了一门科学的诞生，那就是天体化学。

你一定会觉得无比惊讶，因为我们竟然在遥远的太阳上先找到某种物质，然后才在居住的地球上找到。

1868 年，法国人约翰孙和英国人罗开尔在研究太阳面红焰形成的光谱时，发现了一条可疑的黄线。他们可以断定这不是钠的线条，因为钠的黄线不是处于这个位置。而且，化学家所知的一切物质，都不会出现这样的线条。

于是，罗开尔把这种新的物质命名为氦，希腊文的含义是“太阳”。

27 年后，化学家才在地球上发现氦元素。

这种情况就像我们收听音乐节目，听到了一种新乐器演奏的声音，这种声音是我们从来没有听过的，于是，我们就为这种新乐器命名；许多年后，我们突然在自己居住的屋子中发现了这种乐器。

8.6 伽利略的望远镜

1609 年，意大利的著名学者伽利略，把两个透镜安装在一段钢管上，制成了人类历史上的第一个望远镜。

这个望远镜只能把目标缩进 3 倍，但在当时已经是很伟大的发明了。当地的许多名人，经常和伽利略一起来到高塔上，用这个望远镜观察大海中航行的船只：通过这个望远镜，在船只距离港口还有两个小时的路程时，就能够轻易地发现它。

在结构上，这个望远镜类似于前面说过的显微镜：前端是一个玻璃制成的水晶体，后端安装了一个放大镜。

不过，它和显微镜有着本质的区别。望远镜前端的玻璃水晶体没有放大功能，因为如果玻璃水晶体的作用是放大，就必须距离目标物很近才行。然而，望远镜观察的是远处的目标，而不是近处的物体。

望远镜后端的放大镜具有放大作用，由于只有一个透镜可以放大物体的像，所以望远镜的放大倍数比较低。

通过望远镜前端的玻璃水晶体，看见的物体的影像比较小，但非常清晰。而且，玻璃水晶体越大，物体的像就越清晰。

我们知道，玻璃水晶体能够把光线聚集起来，它就像是一个漏斗，水晶体

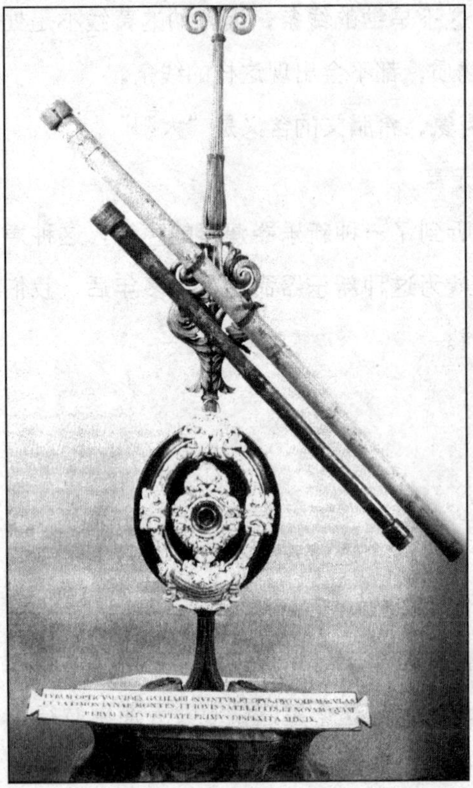

伽利略制造的望远镜

越大，能够捕捉到的光线也就越多。人类眼睛中的水晶体像一粒豆子那么小，但玻璃水晶体可以做得非常大。伽利略的做法就是这样的。

不久后，他做成了一个新的望远镜，可以把物体放大 30 倍，这里面的透镜比人类眼睛中的水晶体大得多。

这个望远镜中的玻璃水晶体聚集的光线，是人类眼睛中的水晶体聚集光线的 100 多倍。

1610 年 1 月 7 日，伽利略通过他的望远镜观察天空，看到了一幅不可思议的画面，受到了极大的震撼。

一个视力最好的人，在晴朗的黑夜能够看见 3000 多颗星星，但伽利略用望远镜看见的星星比人们用肉眼看见的要多得多。望远镜把许多星星的微弱光线加强了，使这些星星变成可见的。

用肉眼看见的月亮像是一个圆盘，但用望远镜看见的不是一个圆盘，而是一个圆球，而且有一半位于阴影中。

很久之前，人们就发现月亮上有一些斑点，但没有人知道这些斑点是什么东西。有些人认为月亮上有一张美人图，另一些人认为月亮上有一只兔子或者别的动物。

伽利略用自己的望远镜观察到，月球上有山峰、平原、盆地等地形。而且，他还根据山峰形成阴影的大小，计算出了山峰的高度。

在我们的肉眼中，木星是一个发光的小点。如果用望远镜来观察，木星是一个耀眼的圆球，此外，不仅地球有自己的卫星月球，伽利略通过望远镜发现，距离木星不远的地方有四个小圆球，它们都是木星的卫星。另外，也发现了太阳黑子。

伽利略用望远镜观察银河系，看见银河系是由许多星群汇聚成的。可是一直有人说银河是地面上的水分蒸发到空中形成的云团。

在对宇宙的认识上，人们往前跨了飞跃式的一步。

在伽利略之前的100多年，哥白尼就已经知道地球和其他的行星都是围绕着太阳运动的。不过，当时只有很少的人相信哥白尼的说法。现在，我们大家都知道，哥白尼的说法是正确的。

两块玻璃和一段铜管，就证明了地球不是宇宙的中心。正是这两块玻璃和铜管，打垮了“地心说”，破除了迷信。

伽利略被逮捕了，经过宗教裁判所严格的审讯，差点就被处以火刑。在伽利略公开表示放弃自己的“邪说”之后，他的性命终于保住了……

此后，人们开始研制透镜更大的望远镜。不过，在这里也遇到了制造显微镜时的问题，总是出现大量的彩虹。人们学会炼制光学玻璃之后，克服了彩虹现象，才能够制造大型的望远镜。

有一种望远镜，在结构上和伽利略的望远镜相似，也是使用透镜来聚集光线，这就是折射望远镜。

曾经，人们制造了一架折射望远镜，它使用的玻璃水晶体的直径是102厘米，

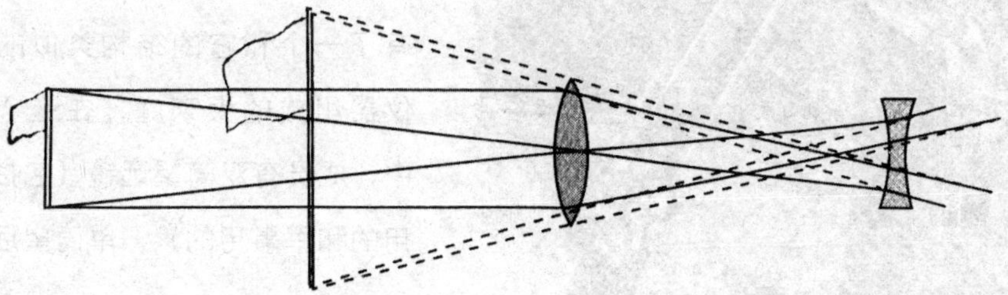

用伽利略的望远镜可以看到放大图像

重量是 150 千克。

我们想像一下，如果人眼睛中的水晶体也是这么大，那么，人的眼睛就会像一间大屋子，人的头就会像一座大宅子。

对于这样的人来说，即使是一支蜡烛，烛焰也是非常明亮的。如果这个人用眼睛直接去看电灯，那么，他的眼睛马上就会瞎掉：因为水晶体聚集的光线太强，能够把眼睛中的组织烧坏……

想要制造大型望远镜是一件非常困难的事情，因为对透镜的要求非常高：透镜要绝对透明，透镜中不能有一个气泡，也不能有一条纹路。如果出现这种情况，星光就不能聚集成一个点，你就无法看到星体形成的影像。

这种透镜的磨平、磨光工作很不容易，只有极少数的人掌握了这套技术。

直径 102 厘米的透镜，这彷佛是玻璃制造技术无法突破的界限。在接下来的很长一段时间里，人们没有制造出更大的透镜。

按照伽利略的方法制造出来的望远镜，已经到达了顶峰。在 300 年的时间中，望远镜不断地发展、完善，但它已经没有进步的空间了。

的确，300 年来，望远镜已经有了一个和它的结构类似的光学仪器组成的大家庭。在这个家庭中，成员有双筒望远镜（包括剧院用的和军事用的）、单筒望远镜、

1848 年辛辛那提天文台的折射式天文望远镜

实体镜、步枪瞄准器、剪形镜等。

作为开路先锋的伽利略的望远镜，肯定会为了自己的子孙后代而骄傲。这些仪器在不断地改进，不管是战争年代，还是和平时期，它们都有着重要的作用。

望远镜本身如何呢？它真的不能再发展了吗？真的无法制造出直径大于 102 厘米的玻璃水晶体吗？

8.7 用凹面镜制作水晶体

我们知道，不仅透镜可以聚集光线，凹面镜也可以聚集光线，那么，为什么不用凹面镜来制造望远镜呢？要知道，制造一面大的凹面镜，远远比制造一面大的透镜容易得多。

1668 年，牛顿利用凹面镜制造成了第一架反射望远镜。这里使用的凹面镜非常小，比一只火柴盒还要小一些。

虽然如此，通过这架反射望远镜却能够观察到遥远的木星的四大卫星。

望远镜中的水晶体越大，能够透过的光线就越多，望远镜的倍数也就越高。在反射望远镜中，作为水晶体的是凹面镜，因此，制造望远镜的人想尽办法把凹面镜做得大一些，是非常有道理的。

牛顿时反射式望远镜

200 多年前，天文学家制造了一架望远镜。它使用的是直径大于一米的凹面镜，这个凹面镜不是用玻璃制成的，而是铜锡合金。

大家都明白，铜受热膨胀的程度比较大，只要把手指头放在铜制成的

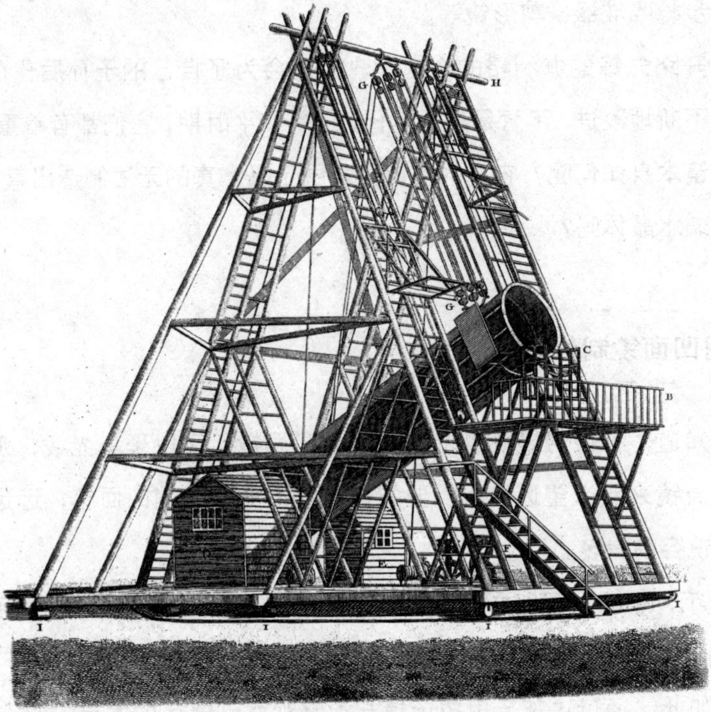

赫歇尔制造的天文望远镜

凹面镜上，凹面镜的形状就会因为受热发生变化。当然，这样的变化是非常小的，肉眼无法看出来，但它可以改变光线的前进方向，使生成的影像模糊不清。因此，即使赫歇尔在观察天象时，也不喜欢使用这个望远镜，而是用其他的小望远镜。

玻璃制成的凹面镜比铜制成的好很多，遗憾的是，当时的人们无法制造出纯净度比较高的玻璃。

等到人们学会制造光学玻璃之后，望远镜上才开始使用玻璃制成的凹面镜……

第 9 章
玻璃的世界

9.1 俄国的玻璃

1630 年的春天，米哈依尔 · 罗曼诺夫统治俄国时期，一位叫做尤利 · 科叶特的瑞典人来到莫斯科，他是来教授俄国技师们铸炮技术的。

这位铸炮技师，在俄国受到很好的待遇。沙皇赏给他一柄重两磅的银勺、一些上等的丝织品、40 张黑貂皮、一匹骏马。

科叶特很满意这样的待遇，决定要一直留在俄国。科叶特不仅懂得铸炮技术，还知道制造玻璃的方法，并在俄国成立了玻璃制造厂。

当时，俄国人根本就不知道什么是玻璃。皇宫中的窗户是用云母片制成的，王公贵族使用的是铜锡器具，普通百姓使用的是木制杯碗。

因此，科叶特想要成立玻璃工厂的想法，出现得正是时候。

在离沃斯克列先斯克城不远处的莫斯科县，找到了合适的地点，在这里建造了玻璃工厂：只有几间木屋、几只熔炉、几个烟囱而已。玻璃工厂制造的是药房中的用品：烧瓶、玻璃壶、蒸馏器、玻璃瓶等。

当时，这些东西有着昂贵的价格。购买一个玻璃壶的钱，可以用来买一头小牛。

阿列克谢 · 米哈伊洛维奇时期，莫斯科附近的伊兹梅洛沃村建立了第二座工厂，这是国营的工厂。这座工厂不是制造药房中的用品，而是制造瓶子、水缸、长颈瓶、水杯、酒钵、玻璃杯、玻璃灯、玻璃罩等物品。

伊兹梅洛沃的工厂最自豪的是，制造了一只一俄丈高的大酒杯。这只酒杯比一个身材高大的人还要高一些，酒杯上面有用玻璃丝编制成的精致花纹，可以装下两大桶的葡萄酒。

彼得大帝执掌政权的时候，俄国建立了好几座玻璃工厂。这时，俄国有了自己的玻璃技师。可是，外国人严格保守自己的秘密，不愿意和这些技师交换经验。

幸运的是，俄国人里面也有一些发明家，不但发现了制造玻璃的方法，还把这些方法加以改善。

在这些发明家中，有一位是罗蒙诺索夫。

大家都知道，罗蒙诺索夫写过关于玻璃的诗篇，但几乎没有人知道，他亲手熔炼过玻璃。罗蒙诺索夫不仅是著名的物理学家、化学家、地质学家、矿物学家、天文学家、哲学家、历史学家，还是一位出色的玻璃制造师。

有一次，罗蒙诺索夫在拜访苏瓦洛夫伯爵时，在他的家中见到一幅来自意大利的镶嵌人像。这是一幅用各种颜色的玻璃拼接成的图画，罗蒙诺索夫非常欣赏这幅作品。他不由自主地想到，难道我们俄国人不能制造出这么精致的东西吗？

于是，罗蒙诺索夫决定，亲自动手制造一幅精美的镶嵌画。

不过，罗蒙诺索夫要从头开始，因为俄国人没有做过这种事情。当时，俄国人不知道颜色玻璃的配方，在外国只有少数人知道，而且是严格保密的。书本上的知识是最简单的，也是大家都知道的。关于怎样熔炼颜色玻璃、怎么制造玻璃小方块、怎样把这些小方块镶嵌起来，这些东西书本上不会写。为了挖掘这些秘密，罗蒙诺索夫花费了 3 年的时间。他一次次地做实验，认真地记录试验的结果。在这段时间内，他做了 2000 多次熔炼玻璃的实验，终于弄清楚了一切，可以动手制造镶嵌画了。

罗蒙诺索夫拼接成的第一幅镶嵌画是圣象，使用了 4000 多块玻璃；接着，他又拼接了一幅伊丽莎白镶嵌画，还有一幅叶卡捷琳娜镶嵌画。

此后，罗蒙诺索夫开始动手拼接一幅 42 平方米的巨大镶嵌画，这幅镶嵌画的内容是“波尔塔瓦之役”。他想把这幅镶嵌画用在彼得洛巴伏洛夫斯克教堂的墙壁上。

想要拼接这么大的一幅镶嵌画，需要无数的颜色玻璃方块。而且，艺术家手中的颜色越多，创作出来的画就越美丽。

在梵蒂冈一位罗马神父的镶嵌画作坊中，有将近 30000 种颜色各异的玻璃方块。拿绿色来说，就要 4000 多种颜色，从鲜艳的草绿色到几近黑色的墨绿色，应有尽有。

只有经验丰富的人，才能够从成百上千的颜色中选出自己想要的颜色。不熟悉这些颜色的人，无法看出两种相近颜色的差异，它们看起来那么相似，但镶嵌技师一眼就能够分辨出来。虽然他面前摆着无数块不同颜色的玻璃，但他一下就能选出自己需要的玻璃块。

一幅镶嵌画要花费很长时间才能完成，因此，艺术家要有极大的耐心和毅力。

在拼接“波尔塔瓦之役”这幅镶嵌画时，罗蒙诺索夫花费了五年的时间，在他去世前不久才完成。

不过，这幅镶嵌画的命运是悲惨的。人们没有把它装到教堂中，也没有好好照顾它。这一幅巨大的镶嵌画，没有人知道它去了哪里。

150 多年后，科学院的工作人员在整理地下室中的物品时，发现了一些沉重的大箱子。人们打开其中一个箱子，里面装的是“波尔塔瓦之役”这幅镶嵌画中的一块，上面是彼得洛夫斯克士兵的头。在另外一个箱子中，装的是镶嵌画中的另一块玻璃，画的是彼得大帝的皇旗。其他的箱子中装的是镶嵌画的各个零件。

原来，这就是罗蒙诺索夫拼接成的“波尔塔瓦之役”，只是被砍成了一块块的。

俄国很重视这一幅精致的镶嵌画，小心翼翼地把箱子中的碎片取出来，然后拼接好，还把掉落下来的小玻璃认真补好。

现在，这幅具有纪念意义的玻璃镶嵌画，已经完全恢复了。

一位不知名的俄国技师，制造了一只神奇的猎人杯，杯子上有许多圆形的凹陷，有一些是空白的，有一些绘制了打猎的场景：有一只小鹿正在慌慌张张地逃命，想要摆脱被猎杀的命运；还有一只受伤的野鸭，正在地上挣扎。猎人在哪里呢？他正躲在灌木丛中，举着枪瞄准猎物。不过，为什么杯子上会有空白，而不是画满了狩猎场景呢？只要把透明的圆形的凹陷对着光线看去，你就会发现：这些凹陷就像是镜子，把狩猎的场景照出来，我们看见的不再是一个猎人

1709年波尔塔瓦战争的情景

躲在灌木丛中，而是几十个猎人。

不久前，玻璃制造只是一门有趣的手艺。现在，它已经发展成一门实实在在的科学了。不过，这并不是代表着玻璃制造不再需要技术和天才。相反，技术和天才在今天变得更加重要了。

就显微镜而言，它的物镜上有一个非常小的透镜，这个透镜像是沙粒一样小。为了磨制出这样的透镜，不仅需要多年的经验，还需要手指上的敏锐感觉。

此外，在安装显微镜时也需要熟练的技巧。在显微镜的物镜上，有着五六片透镜，它们要相互正对着，不能有一点点的偏差。如果某一个透镜偏了千分之一毫米，一切就白费了，因为这个显微镜无法使用。可是，千分之一毫米究竟是多长的距离呢？我也不能给你一个明确的答案，只能说苍蝇的脚比它粗300多倍。

当然，大型望远镜上的玻璃是最难制造的。只有最出色的玻璃技师，才能够制造出这样的玻璃。

其实，会制造这种玻璃的人非常少，我们轻易地就能说出他们的名字。绍特就是其中的一个。绍特出生于200多年前，是一位著名的玻璃技师，这一行业中的佼佼者。当时，他的本领是最高的，谁也比不上他。在他去世之前，亲自动手打破了制造出来的所有透镜和镜子。在100多年前，有一位著名的玻璃技师的名字是亚尔维诺·克拉尔克，他是为各个天文台制造玻璃透镜的。

这些技师们有一个共同的特点，那就是：他们都是自学成才，生活非常困苦，但他们始终没有改行，因为他们热爱自己的职业。

这些技师们没有像纪南那样把“秘密”一代代地传下去：虽然秘密可以流传，但才能是没有办法传递的。有一个比喻就很形象：这些技师的情况类似于象棋大师，他们都是凭借自己的能力和毅力成功的。不过，一位象棋大师在一生中可以赢几千局棋，但一位玻璃技师仅仅能够打磨出几块玻璃。可是，在玻璃技师去世之后，这几块玻璃依然会用在望远镜上，作为对他辛勤劳动的永久纪念……

9.2 北方玻璃和南方玻璃

1800 年，一位天文学家想要弄清楚，哪种光线的热量最多。于是，太阳光透过三棱镜后，他得到了七色彩虹的光谱。然后，他在每一种颜色的上面放一个温度计。

此外，在红色光线旁边没有光线的地方，他也放上了一个温度计。

不久后，温度计中的汞柱开始慢慢上升。

在绿色光带部分，温度计升高了 3 ；在紫色光带部分，温度计升高了 2 ；在没有光线的部分，温度计却升高了 7 。

这真是一个奇怪的现象！

这个实验重复做了好几次，每一次都是红色光线旁边没有光线的那个温度计上升的度数最多。

这种现象只能这样来解释：实际上，光谱的范围要大于我们的肉眼所看见的幅度，在红色光线的外侧存在着肉眼看不见的光线，而且这种光线的热量远远高于可见光线的热量。

就这样，发现了红色光线外面看不见的光线，这种光线被命名为红外线。

还不到一年，人们又发现了另一种肉眼看不见的光线，这种光线位于紫色光线的外面，所以被命名为紫外线。

而且，这种光线不是通过温度计发现的。在紫外线部分，热量是非常少的，不能依靠热量来发现。其实，发现紫外线的是照相底片，底片在紫外线的部分会有感光作用。

有谁能够想到，在肉眼能够看见的七种光线之外，还有两种肉眼看不见的光线呢？

虽然我们无法看见红外线，但我们能够感觉到它的热度；紫外线呢，我们不仅看不见，也感觉不到。不过，这两种光线都可以杀死细菌。

对于人类而言，这两种光线是有益的，但不能过量。因此，它们被称之为“生命线”。

遗憾的是，这些“生命线”无法进入我们的房间，它们都被玻璃挡在外面了。

太阳光中的紫外线，几乎都被窗玻璃挡在房外了。

正是由于这个缘故，整天待在房间里的人，即使屋子中充满了阳光，也不会晒得黝黑结实。

1 是普通玻璃，2 是紫外玻璃，3 是可见光线，4 是红外线，5 是紫外线

生活在北方的人们，经常坐在屋子里容易得贫血病。对于孩子来说，情况更糟糕：他们的骨头变得松软，而且经常出现罗圈腿，这一切都是因为缺少紫外线。

如果紫外线能够穿透窗玻璃，照射到屋里来，那该多好啊！

其实，这种玻璃是可以制造出来的，熔炼时使用的不是苏打、细沙、石灰的混合物，而是石英。

运用石英玻璃制成的灯，可以透过整条紫外线。在医院中，经常要使用这样的灯。许多疾病都害怕面对紫外线：紫外线能使溃疡迅速愈合，炎症很快就会消失，贫血病也能够治愈。

那么，普通玻璃能不能制造成可以透过紫外线的玻璃呢？

虽然这个问题不容易解决，但化学家还是把它解决了。

首先，化学家想知道玻璃中的哪种物质阻挡了紫外线。研究后发现，玻璃中阻挡紫外线的不是沙粒，也不是苏打和石灰，它们都没有罪。有罪的是铁质，玻璃中含有的极其微量的铁元素。

相反，如果玻璃中含有少量的硼酸，紫外线就很容易透过。

了解了这些之后，化学家制作了熔炼玻璃的新方法，炼制出了几乎没有铁，含有少量硼酸的玻璃，这种玻璃的名字是紫外玻璃。

这样的玻璃适合在北方居住的人们，因为太阳光中的紫外线是那么珍贵，一定要想办法利用它们。因此，这种玻璃也叫做北方玻璃。

就这样，化学家解决了这个难题，制造出了紫外线可以穿过去的玻璃。

不过，这个问题刚刚解决，新的问题又出现了。与这个问题相反，那就是要制造一种玻璃，能够把紫外线全部阻挡住。

我们知道，普通玻璃能够透过非常少的紫外线。但是，就是这一点点的紫外线，也会造成难以弥补的损失。

在商店的橱窗中，陈列着五颜六色的上等丝绸。这些丝绸总是曝晒在阳光下，不久后颜色就会褪掉，这就是紫外线闯的祸！

莫斯科图书馆的大厅中，收藏着俄国著名的作家普希金、果戈理、托尔斯泰、陀思妥耶夫斯基等人的手稿。太阳光从窗户中照射进来，同时夹带着少量的紫外线，导致手稿上的字迹越来越淡，纸张也慢慢变成焦黄色的。如果不及时采取措施，过一段时间，这些手稿就会变成白纸，上面的珍贵字迹消失不见了。

那么，能不能制造出一种完全阻挡住紫外线的玻璃呢？

有些人觉得这个问题很容易解决，只要在玻璃中加入大量的铁质就可以了，因为铁质能够阻挡紫外线。不过，这样的玻璃是绿色的，它还会阻挡可见光线。

在稀有金属中，化学家找到了一种阻挡紫外线能力很强的物质。把这种物质放到熔炼玻璃的混合物中，熔炼出来的玻璃是无色的，还能够把紫外线挡在外面。

这种玻璃被称为“文件玻璃”，主要用在博物馆和图书馆中。

有时候，红外线也会给人们带来困扰。

医生在给病人动手术时，手术台的上面是一只光线很强的电灯，以便医生能够看清楚病人体内的血管和神经。但是，灯光不仅能够产生可见光线，还能够产生热量很大的红外线。这样一来，手术室中的温度就会升高，使医生工作困难，还可能把病人的伤口灼伤或者烤焦。

因此，必须想办法把灯光中的红外线去掉。于是，就要制造出一个滤光器，能够过滤掉红外线。当然，这样滤光器要用玻璃来制造。

幸运的是，化学家真的制造出了这样的玻璃。其实，这种玻璃不仅用在手术室中，还用在和酷暑打交道的其他地方。因此，这种玻璃叫做南方玻璃（有时候也被称为热带玻璃）。

这种玻璃带有蓝绿色的光泽，在凉台上安装这种玻璃，会形成一种柔和的绿色光线，像是月光一样，带给人凉爽的感觉。虽然凉台上无比凉爽，但院子中的温度很高，太阳正在猛烈地炙烤着。

然而，红外线也会带给人们好处。有时候，我们需要的正好是红外线，而不是可见光线。

在军事上，红外线有着重要的作用。在黑夜中，可以用这种光线来探测敌营的情况，配合可以感受这种光线的底片，就能够把拍摄出敌方的军营、城市、战舰等的照片。在浓雾中，这种光线的射程远远高于可见光线，能够突破层层迷雾，而且敌人难以发现。

这种光线类似于探照灯的光线，射出去的是一条狭长的光束，这样的信号敌人不容易捕捉住。

在上面所说的各种情况中，一定要使用能够发射红外线的灯。

不过，只发射红外线的灯还没有研制出来，所有的灯都是同时发射看得见的光线和看不见的光线。要知道，如果看不见的光线中掺杂了看得见的光线，那么，发出的信号就会变得明显，敌人很容易察觉。

因此，一定要设法拦截住可见光线，只让红外线照射出去。

有一种玻璃可以做到这件事情，那就是在熔炼的玻璃中加入黑色的锰，这就是著名的锰玻璃。用锰玻璃制成的灯，虽然里面有无数个灯泡在发光，但外

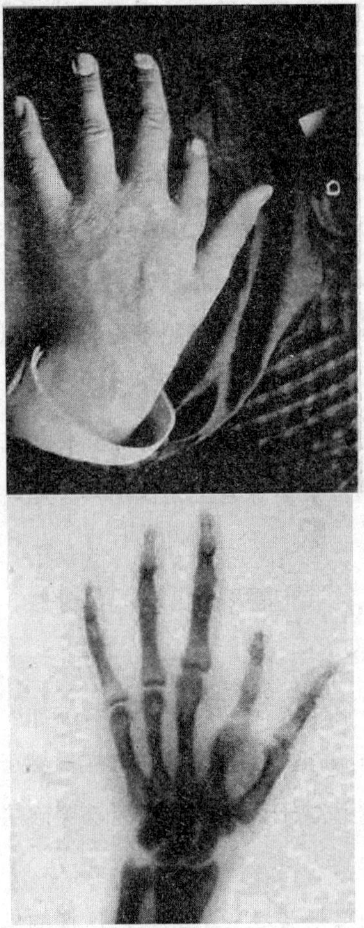

1896 年 X 射线拍摄的人手图像

面一点光线都没有。锰玻璃把可见光线全部阻挡住了，但红外线在反射镜的协助下，可以穿透锰玻璃，照射到很远的地方。

还有一种看不见的光线叫做伦琴射线，也就是我们所说的 X 线。这种射线可以穿透人体的肌肉组织，看见人体内部的器官和骨骼。此外，X 线还能够治疗许多疾病。

不过，这种射线也会给人们带来灾难。这一点，在发现 X 射线很长时间之后人们才发现。

X 线伤害的第一个人是著名的学者哈勒·爱德华。1896 年，他就开始研究 X 线，那时才发现这种射线。

不久后，哈勒的一只手上出现了一小块溃疡，很快又出现了好几块。虽然一直在治疗，但始终没有效果。这些溃疡越来越大，越来越严重，带给人体极大的痛苦。这时，哈勒才明白这是 X 线造成的，虽然它可以帮助病人解除痛苦，却对医师的肌肉和骨骼造成了伤害。结果，他的手臂被切除了。

此后，医师在使用 X 线时，都要用铅屏来保护自己。铅就像是一道铠甲，把 X 线隔绝在外面。不过，铅板不是透明的，它也阻挡了人们的视线，因此，一定要想办法制造出透明的铠甲。

研究玻璃技术的化学家帮助医师解决了这个难题。

他们在熔炼玻璃时加入大量的铅，使熔炼出来的玻璃可以透过可见光线，却不能透过 X 线。

9.3 花瓶中的机遇

1857 年，在英国人吉姆斯 · 牛敦的家中，发生了一起罕见的盗窃案：窃贼把凉台的玻璃门打破一个小洞，手从这个小洞中伸进去，打开了玻璃门上的锁，堂而皇之地进入房间，偷走了餐厅中的全套银质餐具，按照原路返回。

牛敦先生是一家玻璃制造厂的厂长。发生盗窃案后，他从玻璃制造者的角度去看待这个问题，他认为玻璃的防御能力太差，太容易被打破。

于是，牛敦下定决心，想要制造出一种特殊的玻璃，即使被打破，也不会碎成几百片掉下来。

看起来，这是一个不可能实现的愿望。碎片怎么能够停留在原地呢？支撑住它们的东西是什么呢？不过，牛敦一直在思考制造这种玻璃的方法，夜以继日地想着。能不能在玻璃比较柔软的时候，放进去一张铁片呢？虽然这样的玻璃很结实，但变成不透明的了，通过它无法看见任何东西。

如果这张铁片上有许多小洞，光线就可以透过去，玻璃就是透明的了。但是，有许多小洞的铁片就不是铁片，而是铁丝编织成的铁丝网了。

所以，牛敦决定在普通的玻璃中放上一个铁丝网。

第二天，牛敦已经熔炼出来一块厚厚的玻璃板，中间有一个铁丝网。这是世界上第一块含有铁丝网的玻璃，被人们称为“保险玻璃”。这种玻璃无比坚固，安全可靠。受到重击之后，虽然会破裂，但不会变成碎片落下来。从一米高的地方，把一块沉重的石头扔到这块玻璃上，玻璃肯定会破碎，由于铁丝网固定住了所有的碎片，所以它们没有向四面八方飞去，依然留在原来的地方。

很快，建筑家们知道了保险玻璃的好处，开始把这种玻璃安装在工厂的屋顶上，不仅可以让车间得到许多的光线，而且打碎后不会产生危险，因为它的碎片不会掉下来，伤害不到在车间中工作的人们。

然而，保险玻璃是半透明的，而不是完全透明：里面的铁丝网挡住了一部分光线，也使人们无法清楚地看见外面的东西。因此，这种玻璃并不是可以应用在任何地方。

所以，还要研制出一种没有铁丝网的安全玻璃。

1903 年的某一天，法国化学家别涅迪克士认真地打扫自己的实验室，用鸡毛掸子小心地掸去瓶瓶罐罐上的尘土。

突然，放在架子最上层的一只烧瓶掉到地板上，奇怪的是，这只烧瓶并没有破碎。

这是一只普通的长颈薄玻璃烧瓶。别涅迪克士把这只烧瓶捡起来，发现烧瓶上满是网状的裂痕，但并没有变成碎片，瓶子中的溶液也没有流出来。

仔细观察之后，别涅迪克士才明白了原因：原来，玻璃碎片紧紧地粘在一层透明的薄膜上，这只烧瓶曾经装过硝化纤维素溶液，虽然溶液早就挥发完了，但烧瓶的壁上留下了一层胶状的膜，紧紧地贴在烧瓶上，避免了碎片的掉落。

这是一件有意义的事情，值得纪念。因此，别涅迪克士在烧瓶上贴了一张纸条，上面写着：

1903 年 11 月，这只烧瓶从 3.5 米高的地方掉到地板上，捡起来后就是这个样子。

几年后，别涅迪克士一直在忙着工作，早就忘记了这件事情。

有一天，别涅迪克士在报纸上见到一则关于车祸的新闻。

一辆汽车撞到电线杆上，翻到旁边的沟里去了。车上的三名乘客，一名当场死亡，两名被车窗玻璃扎成重伤。司机的伤势最严重，脸上和手上插满了玻璃碎片。

报纸上的评论说，乘客的伤之所以这么严重，大部分是车窗玻璃造成的。那么，如果汽车上能够安装上不会变成碎片的玻璃呢？

看到这则新闻之后，别涅迪克士陷入沉思之中。不会成为碎片的玻璃？他是不是在什么地方读过，或者见到过……想了一会儿，他终于想起来了：从架子上掉到地板上的烧瓶，它依然保持着原来的样子，并没有碎成一片片的。

于是，他在布满尘埃的角落里努力寻找，终于找到了这个烧瓶。在这个烧瓶的上面，还写着发生这件事情的时间："1903年11月"。是的，这个问题应该能够解决。

只要在两块普通玻璃的中间放上一层透明的赛璐珞，让它们牢牢地粘在一起，就可以变成不会碎成片片的、安全可靠的玻璃了。这种玻璃即使碎成千百块，也会留在原来的地方，紧紧地粘在赛璐珞上，不会掉下来。

于是，别涅迪克士开始工作。实际上，这个问题比他想像的困难得多，幸亏他始终坚持着。两年后，他解决了各种困难，终于制成了新型的"安全玻璃"。

汽车发生事故时，车厢可能会被压扁，方向盘可能会被压弯，玻璃上布满了裂痕，却不会碎成一片片的，更不会到处乱飞扎伤车内的人。

在军事上，这种玻璃也有重要的用途。

如果玻璃是用五层材料制成的，三层玻璃和两层赛璐珞，将会更加坚固，即使子弹也无法穿透过去。

子弹能够打穿前面两层，最多在第三层上出现一个凹痕；至于后面两层，子弹没有足够的力量到达，依然保持着原来的样子。

坦克车的瞭望缝上，安装的就是这种玻璃。

不过，这种玻璃也有缺陷：赛璐珞片容易变黄，导致玻璃模糊不清。而且，赛璐珞的价格太高。

所以，应该研制一种比价便宜的玻璃，用在普通的汽车上。

那时，人们联想到了淬火这个方法。我们知道，钢铁可以用淬火方法实现各种硬度，满足人们不同的要求。那么，淬火是否能够用在玻璃上呢？

如果给一块玻璃猛烈加热，然后让它快速冷却，这样会出现什么情况呢？

玻璃的外面很快冷却，收缩得很厉害，像是一层胶皮，紧紧地包裹住里面冷却得比较慢的玻璃。

这样一来，玻璃的外面就像穿了一层钢甲，这层钢甲保护了里面的玻璃，提高了玻璃的强度，使玻璃不再容易破碎。

于是，钢化玻璃诞生了，它就像钢制的弹簧一样，有着很大的弹性。

这种玻璃可以卷起来，放开之后就会恢复原状。

在一米高的地方，把一个重量是一千克的铁球扔到钢化玻璃上，铁球会弹出去，类似于从石板上弹出去的情况。

如果把这个铁球扔到普通的玻璃上，即使十几块玻璃叠放在一起，也会被砸成碎片，飞得到处都是。

用一个支点支撑起一块钢化玻璃，在这块玻璃的两个边缘，分别站上去一个人。虽然这块玻璃的两端会向下弯曲，但不会破裂，就像是有弹性的钢板一样。

有一次，人们把一辆汽车放在厚厚的钢化玻璃上，汽车里还坐着几个人。然后，一台起重机把玻璃举起来，当然，一起举起来的还有汽车和车里的人。可是，玻璃没有破碎，依然完好如初……

以前，人们总是这样说："玻璃是脆弱的。"现在，这个说法已经不正确了，应该要说："玻璃是非常结实的。"

9.4 不怕火的玻璃

5000 年前，人们就会制造玻璃了。你可以想像一下，在这么长的时间里，一共制造了多少件玻璃物品。可是，能够保存到现在的古代玻璃制品，却是非常有限的极少数。

玻璃不会像木料一样腐烂，也不会像钢铁一样生锈，更不会像石头一样，随着日月的积累而化成灰尘。那么，古代的玻璃制品都到哪里去了？它们遇到了什么事情呢？

它们都消失了。本来，玻璃可以有悠久的生命，可以长期保存下来，遗憾的是，它有两个致命的弱点：一个是脆弱，另一个是怕火。

在上一节中，我们已经讲述过，如何让脆弱的玻璃变得结实。接下来，我们要说一下不怕火的玻璃的发明过程。

曾经，罗蒙诺索夫说过这样一句话：火是孕育玻璃的父母。这句话很正确，但还要加上一句：火也是毁灭玻璃的凶手。如果把一只玻璃杯放到火焰上炙烤，或者把它放到烧得红彤彤的炉台上，它就会爆碎。

为什么玻璃不能承受温度的剧烈变化呢？因为玻璃和其他的物品一样，受热后会出现膨胀的现象。

不过，玻璃不会立刻膨胀。炉台的高温会先烧热玻璃杯的底部，这时玻璃杯壁还没有被烧热。杯底膨胀之后，会向杯壁施加压力，杯壁无法承受这么大的压力，便会爆碎。

怕火，是玻璃最大的缺点之一。

在使用玻璃杯、玻璃碟、玻璃瓶的时候，人们会加倍小心，不让它们遭受温度的剧烈变化。

古罗马时期，已经出现了玻璃器皿。玻璃器皿出现后，马上成为餐桌上的必需品，替代了其他的器皿。从那时一直到现在，玻璃都没有进入厨房，因为它不能和火接触。

炒菜的锅子可以不用玻璃的，不用也过得去。但是，化学实验室中一定要使用玻璃器皿，而化学家做的实验离不开火。

那么，就需要制造出不怕火的玻璃。

想要制造这种玻璃，首先要降低玻璃受热后的膨胀度。这样一来，它就不会爆碎了。

现在，玻璃专家的任务就是，在熔炼玻璃的混合物中，找出造成玻璃膨胀的物质。研究后发现，玻璃受热后之所以会猛烈膨胀，就是因为玻璃中含有苏打。玻璃专家还发现，硼酸的膨胀度远远小于苏打，大约是它的百分之一。

大家知道了这些情况，配制出熔炼玻璃的新方法：使用大量的硼酸，加入少量的苏打。于是，出现了耐火玻璃。

从表面上看起来，耐火玻璃和普通玻璃差不多。不过，耐火玻璃的膨胀度是普通玻璃的八分之一，虽然这个比例看起来很小，但耐火玻璃已经可以创造奇迹了。

使用耐火玻璃制成的灯泡，即使在温度很高的时候溅上冷水，也能保持原样，绝对不会破裂。在实验室中，可以把盛满沸水的烧瓶放到冷水中，烧瓶依然完好如初。

现在，已经出现了玻璃锅子和玻璃铲子，人们可以用它们熬汤、煎牛排。

在许多国家，玻璃锅、玻璃咖啡壶、玻璃炊壶等玻璃制品，成为了人们日常生活中的用品。

甚至是婴儿，也开始和耐火玻璃打交道：他们使用的奶瓶，大部分是用耐火玻璃制成的。

耐火玻璃不仅用在实验室和厨房中，还用在其他的地方。

去极地探险的人们，都会随身携带无线电台和天线，而天线是装在绝缘子中的。这种绝缘子就是采用耐火玻璃制成的，因为只有这种材料，能够承受极地的严寒和赤道的酷暑。

此外，飞机发动机上的火花塞也是用耐火玻璃制成的，火花塞可以产生电火花，把气缸中的燃料点燃。你可以想像一下：火花塞的下端位于气缸中，那里正在出现火花，温度高达 1000 ；火花塞的上部却在气缸顶上，经常和冷水打交道，因为需要冷水来冷却气缸。在这种恶劣的条件下，火花塞依然能够正常工作，而且可以使用很长时间。

可是，不管耐火玻璃的性能多好，它都比不上石英玻璃。

我们知道，石英玻璃能够透过紫外线。但是，这不是石英玻璃最主要的特点。石英玻璃最特殊的地方是：在受热之后，它的膨胀程度比任何物质都小。

圣彼得堡到莫斯科的铜质电话线，在炎热的夏天，由于膨胀会增加 700 米的长度。如果这条电话线是石英玻璃做成的，那么，它增加的长度大约是 5 米。

把一块烧得炙热的石英玻璃扔到冷水中，它依然保持原样。即使把它的一端放在火上烧，另一端放到冰里，它上面也不会出现裂痕。

就算是耐火玻璃，也无法经受这样的考验。

而且，石英玻璃是非常坚固的。

在深海中，人们主要依靠这种玻璃来探索未知的秘密。

以前，人们能够潜到水中的最大深度是925米。到达这个深度的人叫做彼博，利用钢制的潜水球，他和他的助手来到了海洋深处。

潜水球是用坚固的钢材制成的，它最脆弱的部分是窗户，上面安装的是2.5厘米厚的石英玻璃。

彼博非常信任这几块石英玻璃，甚至把自己的生命交托给它们。

这几块2.5厘米厚的玻璃，帮助彼博打跑了死神。要知道，在900多米的深处，海水的压力是非常大的。只要有一点裂缝，海水就会进入潜水球，里面的人就会面临死亡的威胁。

幸运的是，这样的事情没有发生，石英玻璃经受住了海水的巨大压力，保护了里面的人。

透过石英玻璃，彼博见到了从来没有人见过的海底景象：眼睛像小灯泡的鱼，以及其他稀奇古怪的生物，它们的样子既不像花草，更不像动物。

9.5 玻璃水

1499年，达·芬奇完成了他一生中最优秀的作品“最后的晚餐”。这幅作品不是画在画布上，而是画在米兰一座教堂的墙壁上，有着重要的意义。

达·芬奇花费了3年的时间，终于完成了这一幅优秀的画，创作出一幅伟大的作品。

这样一幅举世无双的艺术杰作，原本要一个世纪一个世纪地传承下去。等到1000年后，世界各地的艺术家依然会去米兰的教堂中欣赏这一幅名贵的画。

遗憾的是，不幸的事情出现了：潮湿毁掉了这幅名画。

在达·芬奇还没有去世的时候，颜色就开始脱落，与墙壁上的石灰一起掉到地面上。

法王弗兰西斯一世想要挽救这幅画，下令把这幅画所在的那一部分墙壁拆下来，然后运送到巴黎，放到干燥的地方保存起来。不过，这件事情没有成功，因为墙壁太大了，拆卸和搬运都非常困难，就算要搬运，也已经来不及了：只有画的上半部分损坏得比较轻，但还是变成模糊不清，画的下半部分完全损坏了，根本就看不出原来的样子。

这位天才艺术家的精心之作，就这样在短短的时间里毁坏了。

画在建筑物墙壁上的其他图画，保存的时间长久一些。但是，它们也不可能流传下去，总有一天会随着墙壁的损坏而毁灭。

面对着时间的考验，仿佛只有镶嵌画能够躲过灭亡的命运，因为玻璃的寿命很长。

那么，在保存用颜料画成的作品这件事情上，玻璃有没有作用呢？有没有办法让图画作品的寿命和玻璃的寿命一样长呢？

明兴大学的教授福克斯，想要找出这个问题的答案。

1818年，福克斯在实验室中熔炼出一种特殊的玻璃，这种玻璃中含有沙粒和苏打，但是不含石灰。看起来，这种玻璃就像是普通玻璃，但它的硬度比较高，透明度非常好，还非常亮。不过，福克斯把一小块玻璃放到热水中，不久玻璃就不见了，就像溶解在水中一样。不管这个推测多么稀奇，竟然是正确的：玻璃确实溶解在水中了。得到的是凝滞状的灰色液体，被称之为玻璃水，或者是水玻璃。

这种玻璃是黏稠状的，用它来调制白垩粉末，白垩粉末便会变成坚硬的白垩石；把它涂到树上，就会形成一层坚硬的玻璃膜，就像是给树木穿了一层外衣。

福克斯给画家提了一个建议：在创作壁画之前，先用玻璃水把墙壁刷一次，这样墙壁就会变得无比坚固；然后，在墙粉中掺加一些玻璃水，涂到墙壁上；最后，等到画完壁画，颜料变得干燥之后，上面再涂上一层混合了其他物质的玻璃水。

这样一来，壁画不仅可以抵御潮湿，还能够抗击严寒和酷暑。即使时间非常久，壁画也不会损坏，它的寿命会和玻璃一样长。

福克斯发明的玻璃水，有着广泛的用途，比他能够想像到的多得多。这种玻璃水可以装在瓶子中或者水桶中，保存和运输都非常方便。

如果把鸡蛋放到玻璃水中浸泡一下，那么，鸡蛋壳的外面会包裹着一层坚固的薄膜。这样的鸡蛋可以保存很长时间，一年后它也不会坏，味道仍然像母鸡刚下的鸡蛋一样新鲜。

在战舰的炮塔上，总是会涂上一层油漆，这样做的目的不是为了美观，而是为了防止金属生锈。不幸的是，虽然金属难以燃烧，但油漆很容易燃烧。两军作战时，战舰很容易起火，那就是飞来的烧红弹片碰到油漆造成的。

如果在油漆中加入少量的玻璃水，这种涂料不仅无比坚固，还有很强的耐火性，不容易引发火灾。

玻璃水不但能够使墙粉、油漆、鸡蛋壳变得坚固，还可以用在三合土、砖瓦等建筑材料中；在这些建筑材料中加入玻璃水，它们就会比原来结实得多。

现在，人们能够制造出各种样式的人造石，而且和天然石不相上下。只要把沙土和玻璃水混合在一起就可以了。

既然在三合土和砖瓦中加入玻璃水之后，可以变得非常结实，那么，为什么不用这种方法使道路变得更加坚固呢？

1918 年，瑞士修建了第一条这样的公路：先在道路上铺上碎石子，再把玻璃水和细沙的混合物浇到上面，形成一层坚硬的保护壳，紧紧地固定在路面上，防止路面损坏。此后，世界上的其他国家也开始修建玻璃公路，一共修建了几千公里了。太阳尽情地晒，这样的路上不会出现灰尘；大雨尽情地下，道路上不会泥泞不堪。而且，这种道路的寿命大约是普通道路的三四倍，经久耐用。

9.6 玻璃房屋

1851 年，伦敦召开了一次世界博览会，在博览会开始之前，预计会有 600 万人到场。

这样大规模的展览会应该在哪里举行呢？整个伦敦城中根本就没有合适的会址，于是决定建筑一所房屋来举行这次博览会。

在规定的日期内，筹备会收到了 245 件来自各国设计专家的图样，筹备会慎重地在这些图样中选出了最好的一个方案，打开签着设计师姓名的密封一看，上面的名字是：柏克斯顿。这位设计师是一个什么样的人呢？为什么从没在建筑界听过他的名字。

柏克斯顿其实是一个花房的主人，并非一位建筑师。

柏克斯顿建议把房子建成一座巨型的花房，架子是铁筋的，上面装的都是玻璃。

这真是一个大胆的尝试，他要建造的这个建筑物全都是玻璃。人们认为这个房子只要被狂风一刮，它的玻璃都会被刮成碎片。

这个玻璃的建筑物终于建造成功了，大家非常喜欢它。它的规模非常大，屋顶是透明的，下面可以种上很多棵高高的树木。

这儿的空气充足，阳光明媚。

这就是第一座玻璃房子。即使是在现代，建造成这样一座玻璃房子依然会令许多人吃惊。

现代人已经习惯居住在砖石建造的房屋里，其实用玻璃建造的房屋与砖石房屋相比，要更胜一筹。

一所住宅应该具备什么样的条件呢？首先，它应该非常坚固，这是最重要的条件。在这方面，玻璃的房屋会比砖石造成的房屋更坚固吗？可能你的第一感觉会认为我们平时所见的玻璃太脆弱了，简直不堪一击，其实坚固的概念有很多种，玻璃如果能够承受住巨大的压力，那么即使它真的不堪一击，也是非常坚固的。而建筑材料正是需要这种承受住巨大压力的坚固性。所以，玻璃在这方面比砖石造成的房子更加坚固。

把20公斤的压力加在一块正方形的花岗石上，这块花岗石就会被压碎，把70公斤的压力加在一块正方形的铸铁材料上，它也会被压碎，而同样面积的玻璃可以承受住125公斤以上的压力。

由此可见，砖石建造出的房屋远不如玻璃房子坚固。

房屋的另一个条件是，室内空气清新，阳光充裕。

我们所见到的砖石房屋的窗户都是打在墙上的小洞，透进来的光是很少的，而玻璃房子的阳光非常充足，因为它的墙壁都是玻璃，太阳光可以直接透过墙壁进入室内。

另外，玻璃房屋非常温暖，玻璃很难传热，它的导热度与砖块相比要低几倍，也就是说，玻璃房子里是非常温暖的。

如果把玻璃砖造成空心的，它的导热度就会更低。

由于太阳光可以透过玻璃墙壁进入屋内，屋子里就会和室外一样明亮，所以玻璃房子根本不需要建造窗户。玻璃砖块有棋盘格，所以这样的墙壁并不透明，这也使得室内的光线非常均匀柔和，并不耀眼，也不会出现阴影。

玻璃房子还有一个不怕火的功能，所以它根本不需要灭火器、消防栓等防火设备。

冬天的时候，即使是最暖和的房屋，也需要生火取暖，在玻璃房子里只要装设一种电气取暖设备就可以取暖了。

这种设备的构造非常简单，只需要在玻璃地板下面铺一层铝即可，电流会通过底层加热玻璃，就会有舒适的暖流传到玻璃地板上。

玻璃房屋里的电灯都是藏在墙壁上端的玻璃带里，这一点也和普通的砖石房屋完全不同。灯一打开，房间内就会出现一道光带，使安静而均匀的光充满室内。

玻璃房子不需要刷油漆和石灰，它本身就非常漂亮了，如果墙壁脏了，只要用水龙头里的水冲一下就洁净如新了。

可以用玻璃雕刻成人像来装饰这种玻璃房子的正面。

早在古罗马时代，人们就会制造玻璃人像了。从那个年代流传至今的遗物中，就有一具由暗绿色玻璃铸成的罗马女人像。后来不知道是什么原因，人们忘记了这项技术，直到几千年后的今天，这个技术才在现代人的手中得以复活。

另外，还可以用各种颜色的玻璃砖来装饰玻璃房子里的房间。

早在古罗马时代，人们就曾经用类似的玻璃砖建造过一个可以容纳 8000 名观众的大戏院。

每到黄昏的时候，晚霞就会照在这些玻璃砖块上，戏院的舞台就像在火焰中一样。

还可以用镶嵌画或雕刻画来作为玻璃房屋的装饰。这种雕刻画是用沙粒吹出来的，而不是用普通的雕刻刀雕刻出来或用磨轮打磨出来的。

住在经常有狂风的海角的居民们发现了在玻璃板上画图的这种方法。他们

英国城堡的玻璃窗画

发现沙粒被风吹起来后会擦伤玻璃窗，使原本光滑的玻璃面变成了麻面，于是他们就想到了可以用沙粒在玻璃窗上绘画。只要把一张刺了图案花纹的坚实的厚纸覆盖在玻璃上就可以了。

千百万颗沙粒被狂风大力地吹在玻璃上，把裸露在外面的玻璃面划成麻面，这样几个小时以后，揭开原本盖在玻璃上的纸，这时玻璃上就会出现绘好的图案了。

现在的人们都是在工场里用人造的狂风制造这种画，对着玻璃吹过去一股强烈的沙流，所以，操作的工人在工作的时候都要用特制的面罩来保护自己的面部。用沙粒可以在大块的光洁玻璃板上画成整幅的图画。这种画被人们用来做为剧院、电影院、大饭店和轮船的装饰。

玻璃房子里还有很多玻璃制造的家具，现在在市面上已经有了这样的家具，如玻璃桌子、椅子、圈手椅、床、屏风、书柜等。

这些家具都是用淬火玻璃制成的，非常坚固，只有用斧子砍或用重型钻锤重击时才能把它打裂。

或许玻璃房屋只是一个幻想，但绝非一个空洞的幻想。或许在不久的将来，人们就可以住上玻璃房屋了。

9.7 玻璃丝

用越细的纤维织出来的织物就越精美。

蜘蛛吐出的丝极细，只有人的头发的1/10粗。200根蜘蛛丝并排在一起，它的宽度也不到一毫米。

蜘蛛丝真的是又细又坚固啊！如此的细丝能支持住蜘蛛的体重。蜘蛛在用这种丝织成的网上摆来摆去，丝都不会断。

遗憾的是，无法用蜘蛛丝织成衣物。

蝴蝶的幼虫作茧时也吐丝，丝也非常细。还有一种叫做蚕的虫，它可以吐出能织成绸缎的蚕丝。只是蚕丝比蜘蛛丝要粗大约三倍。

不得不说，蚕可以称得上是世界上最不可思议的、最熟练的纺织工了。

但更不可思议的是，在制造细纤维的工作上，人类比蜘蛛和蚕还要厉害，可以用玻璃制成丝，这种丝比蚕丝还要细。

早在古埃及时，人们就会制造线纹玻璃了：只要把玻璃细棒烧到软化，就能把它拉成细丝。他们用梳子把一束束的玻璃丝像梳头发一样梳顺，再把它们绕到水缸或者花瓶上。

如果要拉出更细的玻璃丝，一定要拉得非常快。埃及人当时还无法做到这一点，所以他们制作出来的玻璃丝很粗。

现在有一种机器，可以不可思议地用比飞机、枪弹还快的高速度拉出极细的玻璃丝。

用这样的机器拉出来的玻璃丝非常细，只相当于人的头发的 1/34，蜘蛛丝的 1/5。

这么细的丝，肉眼是无法看清的，只是当有亮光照在它身上时，才能看到它在闪光。

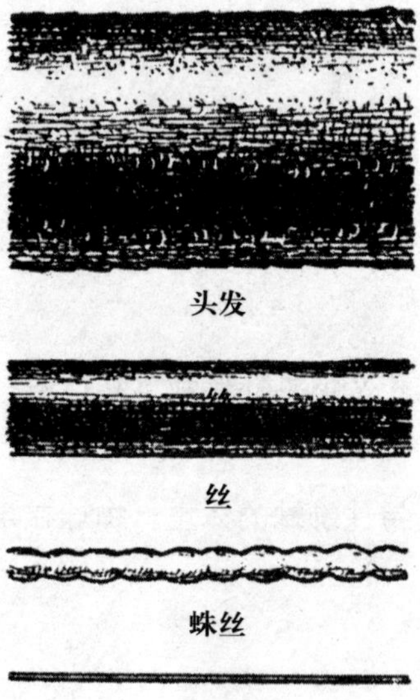

用几乎看不见的丝来织绸子、缝衣服，这听起来就像是安徒生童话里的故事一样。

1000 米长的这种玻璃丝的重量还不到一克。也就是说，一根从圣彼得堡到莫斯科那么长的玻璃丝，绕在一起只是一个重量只有 500 克的小团儿，完全可以把它装进衣袋里。

更为奇特的是这种最细的丝还非常坚韧。

如果用这种丝编成一条像头发一样粗的线，那么可以把一个重锤放心地挂在这根玻璃头发上，它是不会断的。

如果用这种丝编成一条像手指粗细的玻璃

“绳子”，它可以拉动一辆装满货物的大型卡车。

这种“绳子”非常结实，除此之外，它还不怕水。所以用这种玻璃丝制成的钓鱼丝远比蚕丝制成的钓鱼丝坚固耐用。

玻璃丝不仅能编成玻璃“绳子”，还能弹成玻璃棉花。这种棉花和普通棉花相比，更为保暖。所以，人们喜欢用它保护热汽管子、保护蒸汽锅炉和别的需要保暖的机器。

它有保暖的功能，当然也有保冷的功能。

是的，玻璃棉花被应用于冷藏室、冷藏车厢、冷藏船舱里等。甚至在战舰上也会用到这种玻璃棉花。

玻璃棉花是热的绝缘体，不仅如此，它还是声音的绝缘体。

如果在墙壁里夹进一层玻璃棉花，那么邻居们的吵闹声绝不会影响到你。你也可以在房间里大声地开着音响，根本不必担心会吵到你的邻居，因为声音不会通过墙壁中的玻璃棉传透过去。

玻璃丝还有不导电的优点。用玻璃丝造的玻璃带，一点也不比橡皮绝缘物差。

玻璃线被卷绕成一团团的螺旋线，那样子就像是一头长长的银白色卷发。用这种玻璃线做成的像棉花团一样的东西，空气可以从它中间通过，但尘埃却无法通过。所以，人们用它做成了很好的清除空气中尘埃的滤尘器。

玻璃纤维卷带

我们刚才讲了玻璃棉花和玻璃丝。虽然玻璃丝看上去是乱搅成一团的，但可以整理好不同颜色的玻璃丝，把它们粘成长长的纸条当糊墙纸用。

玻璃糊墙纸非常漂亮，而且，它们非常易于清洗，脏了的时候，只要用热水把它们冲洗一下就可以了。玻璃糊墙纸里面不会长虫子，也不会被太阳光晒坏。

这种墙纸现在深受人们的喜爱，许多房屋用的都是这种墙纸。

棉纱和蚕丝是普通的纤维，人们通常用它们来纺织和编织。

玻璃纤维也可以做到这一点。就是说，用玻璃丝可以织出衣物。

玻璃织物与丝织物相比，前者更为结实保暖。它们质地非常柔软，颜色为银白色，看上去非常像丝织物。

由于这种外衣既不怕火，也不怕水，所以这样的玻璃外衣是消防人员离不开的好东西。

由于玻璃外衣比任何外衣更防毒。所以它也被应用于军事上：例如，防氯气……

这就是细细的玻璃丝的优良的性能，真是数不胜数。人们不久以前才会制造这样细的玻璃丝。我相信，它的用途一定不止于此，还有很多的用途有待我们去发掘。

第10章

玻璃到底是什么

考古学家把人类的历史分成石器时代、铜器时代、钢铁时代等几个时代。其中每一个时代的时间都不止有几百年，起码是几千年的时间。

那么，现在我们生活在什么时代里呢？是钢铁时代。我们现在应用的物品，有的是直接由钢铁制成的，有的即使不是，也是经过钢铁的机器和工具制造出来的。

但我们不要认为钢铁时代会一直持续下去。现在钢铁已经有了轻金属、塑料、玻璃等竞争者。人们一年比一年更需要这些材料。或许在未来的某个时期，人们对它们的需求远远大于对钢铁的需求。

不知道未来的时候会被将来的学者们称为什么时代，也许会被称为轻金属时代，也可能是塑料时代或是玻璃时代。

玻璃本身有哪些优点？我们为什么对它如此重视？它与一切其他物质相比有哪些区别？

几乎众所周知，沙粒、石灰和苏打经过熔炼形成了玻璃，但玻璃本身却和沙粒、石灰、苏打一点也不像。我们甚至可以说玻璃与世界上任何别的物质都不相同。

玻璃是透明的。金属、石头、木材和其他任何一种物质大多是不透明的。

要给玻璃染色太容易了。而且根本不需要把颜料涂到它上面，只要在熔炼玻璃的时候，加一点点钴、硒或氧化铜等材料进去，就可以得到我们想要的蓝色、红色或绿色的玻璃。

你却无法改变金属的颜色。铜永远都是略带红色的，金永远是金黄色的。我想，一定没人见过绿色的钢或者红色的银子。

一段时间后，铁会生锈，木材会腐朽，石头会变成灰尘，但玻璃却几乎是永远不变样的。

如果要一一地数出玻璃的优点，恐怕还有很多，但前面列举出的几种优点就已经足够说服每一个人了，现在你承认了吧？玻璃的确与任何别的物质都不相同。

但世上还是有些物质与玻璃很像的，只是它们是液体的物质，而非固体的物质。

我们知道，玻璃是透明的。水、酒精、汽油和很多别的液体也都是透明的。

我们可以把玻璃染成各种颜色。水也可以，要改变水的颜色，只要把染料放进水里溶解就可以了。

由此可见，玻璃就像是一种“固态的液体”。有时候，学者们喜欢这样称呼玻璃。

为什么玻璃跟液体这样相似呢？是因为玻璃在变成固态以前是在熔炉里流动、沸腾的液体形态吗？

这样解释完全说不通。因为金属在熔炉里熔炼时的状态也是液态的。甚至岩石也曾经是从地下喷出到地面上来、还没有来得及凝固的灼热的液态岩浆。还有冰和雪的前身就是水，它们后来也成了固体形态。

但所有金属、石块、冰雪等一旦凝固后，立刻就会失去它们是液体状态时所具有的特性。而玻璃凝固后却仍然保有它是液体状态时的性能，这都是因为它的凝固和其他物质的凝固是有很大不同的。

水如何凝结成冰的？这个过程我们在冬天时经常可以看到。落在窗户上的一滴细小的水滴，不一会儿就变成了一层极薄的冰，用放大镜仔细观察就能清楚地看到：这些小水滴在凝固时变成了非常微小的结晶体。

冰就是由这些结晶体组成的。所有金属和石块也都是由结晶体组成的。它们在凝固的时候形成了很多结晶体，而不是简单地凝固成固态。

而玻璃的凝固呢？它在凝固的时候并没有形成小的结晶体，而是仍像在液态状态时一样。这个特点是玻璃最主要的特点。正是这个特点的原因，它才与任何别的物质都不相同。

为什么玻璃是透明的，而金属却不是透明的呢？这是因为金属凝固时形成的结晶体堆积在一起，形成了一种阻碍，使光线无法从中透过。而在没有结晶体的玻璃中就不存在这种阻碍了。

为什么玻璃受到敲击就会碎裂，花岗石却不会这样脆弱呢？这是因为花岗石凝固时，它内部组成结晶体的分子之间紧紧密合着。而连结晶体都没有的玻璃身上当然就不可能有这样的情况了。

我们前面提到过，玻璃能够受得住的压力要远大于花岗石的，这都是因为花岗石的结晶体之间存在着很多小空隙，强大的压力压在它身上时，各个结晶体就会在挤压下往下沉，花岗石当然就会被压碎了。而玻璃根本不存在结晶体，当然也就没有什么空隙了。

也许正是因为这个原因，玻璃才不会一片片剥落，不会产生玻璃灰尘。如果玻璃没有了这个特性，那么我们就无法再用玻璃制的瓶子、水缸、酒精杯、玻璃杯等喝水了，因为玻璃的碎屑就会随着我们喝的水进到肚子里了。

还好不会发生这样的事情。玻璃非常坚硬和牢固，刀锯锥剪都拿它一点办法也没有，只有钻石和高硬度钢制的刻刀才能切开它。

正是因为玻璃具有这个坚硬的特性，它才能永远保持人们最初把它制造出来时的形状。

人们都见过用玻璃瓶塞的香水瓶子。玻璃瓶塞塞进瓶口以后，与瓶口贴合得非常准确紧密。

这种瓶塞有什么神奇之处吗？这个答案非常简单，它的尺寸和形状在制造的时候都与瓶口相同。因为玻璃的质地坚硬，彼此之间不会因为摩擦而改变形状和大小，所以就算千百次地开关瓶塞，两者仍然能够紧密地贴合在一起。

其实要把一个瓶塞制造得和香水瓶口大小相符，并不是件很难的事。但如果要造两块一样大小的玻璃块反倒非常难，因为只要有一点细微的差错，整个工作就要重新来做。

1851 年，人们在伦敦世博会上看见用玻璃零件制成的三米高的喷泉时，大家都觉得无比惊讶。制造出这样完美的作品，每一个零件都要做得非常精致，这就需要非常高超的技术。那一届的参观者，对有“水晶宫”之称的玻璃会馆更是赞不绝口，整栋建筑体现了现代化的生产工艺。

人们还用玻璃制造了假牙，这种牙比瓷牙要坚固得多，而且价格便宜。

在不远的将来，生理学实验室中将会出现一种新型的手术，在动物身上安装一块玻璃，透过这个玻璃来观察机体内部的各种情况。

1851 年首届世界会在伦敦有“水晶宫”之称的玻璃会馆里举办。

玻璃的导热性差，这是一个值得利用的特点。如果玻璃也像铜、铁一样，导热性非常好，那么，我们的屋子在冬天就不会暖和，屋里的热量会通过窗户跑到室外去。

玻璃还有一个常常容易被人忽视的特点：它能够发出悦耳的声音。在不同时代，人们先后用玻璃制造出了铃、管、琴、鼓、风琴、小提琴等乐器。这些乐器不仅是实验室中的物品，还在演唱会上使用过，效果非常好。

不过，玻璃最主要的特点是它的坚韧性。

烧热后的玻璃可以拉长、扭曲，做成各种各样的形状，怎么样都不会断。

正是玻璃的这个特点，体现了玻璃制造者高超的技艺。

玻璃能够锻造和浇模，就像是铸铁一样；玻璃可以像面团一样被展开；玻璃可以像泥土一样用来雕塑；玻璃可以像肥皂泡一样，吹出漂亮的泡泡；玻璃可以像蜘蛛一样，抽成一条条的丝线；玻璃可以像大理石一样，打磨得光滑透亮；玻璃还可以像钢铁或者木材一样，在它的上面钻孔、锉削。

在世界上，玻璃的加工方法是最多的，其他的材料都比不上它。

由于玻璃的韧性比较强，可以用它制造出精美绝伦的玻璃人像。

例如，我们无法用大理石、黏土、青铜等材料制作出一只苍蝇，来看清楚它的构造。然而，用玻璃就可以做到。

难以相信，玻璃中隐含着这么多的秘密！

幸运的是，人们把这些秘密一一揭开了！

玻璃已经有5000多年的历史了。不过，在前面的3000年中，人们不知道玻璃可以制造成透明的。

600年前，人们开始研究玻璃在光学上的用途。

100年前，人们才学会用机器制造玻璃。

玻璃的用途逐一被人们发现，人们制造出北方玻璃、南方玻璃、玻璃水、超透明玻璃、耐火玻璃、非常细的玻璃丝等各种各样的玻璃。

玻璃披着神秘的外衣在人类的历史上行走，一个世纪又一个世纪，一千年又一千年。关于玻璃用途的发现，都是在偶然的情况下。

玻璃本身是偶然发现的，水晶玻璃是在意外的情况下熔炼成功的，安全玻璃是不经意发明的。还有许许多多的特殊玻璃，都是玻璃制造者在偶然的情况下发现的。

直到今天，我们还没有彻底认识玻璃。

不过，我们对玻璃的了解已经很多了，我们不再盲目地熔炼玻璃，而是有计划地熔炼各种用途的玻璃。

在前面的内容中，我们就说过玻璃是用石灰、苏打、沙粒等物质混合在一起熔炼成的。其实，这仅仅是熔炼玻璃最简单的介绍罢了。

事实上，在这些混合物中加入一些其他的物质，就能够制造出不同用途的玻璃。而且，这种物质有好几百种。

仅仅光学玻璃这一类，就有 1500 多种。

我们可以把玻璃化学家比喻成钢琴家。

钢琴家面对的是黑色和白色的琴键，他们按照不同的顺序去按动这些琴键，就可以演奏出各种各样的优美乐曲。

然而，化学家面前摆的不是黑白琴键，而是成百上千种物质。化学家按照一定的比例，把这些物质配置成新的配方，熔炼出各种用途的玻璃。

可以配置出来的配方，数目多得数都数不清。

这些配方，经过试验变成事实的只有少数几种。现在，学者们才开始了解到，支配这些配方的是一些物理学和化学法则，关于玻璃品质的严格法则。

人们从事玻璃的生产活动已经很长时间了，但玻璃的故事仍然在继续，从来没有中断过。

在这段长长的岁月中，人们了解了一部分玻璃的秘密。但是，我们相信，玻璃身上一定还有更多未知的秘密，等待着我们去发现。

在不久的将来，化学家、光学家、工程师们将会联起手来，一步步去解开玻璃身上隐藏的秘密，让玻璃更好地为人类服务。